国防教育全视角知识书系

尖端武器
SOPHISTICATED WEAPON

航空母舰

李 杰 著

中国科学技术出版社
·北 京·

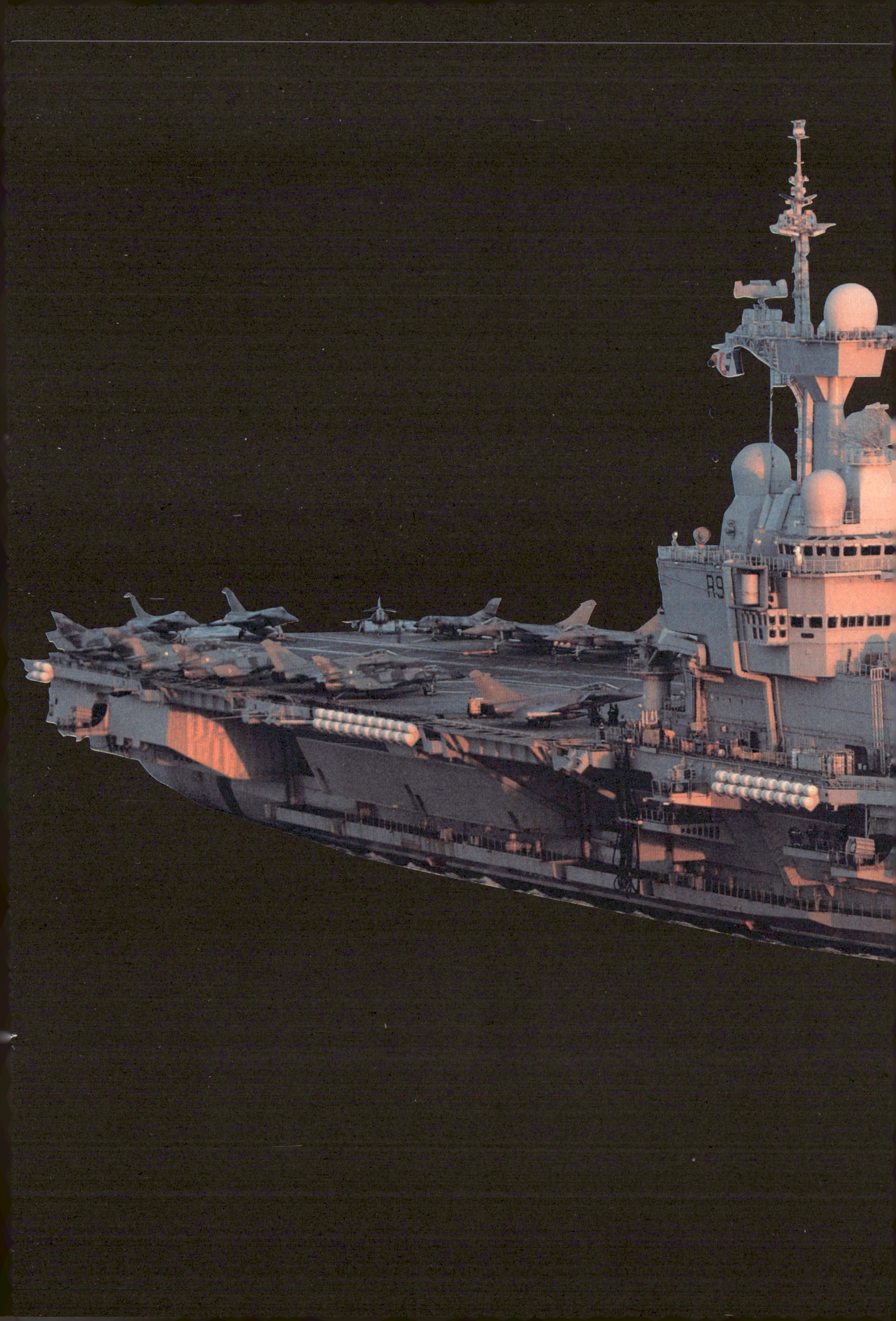
R9

图书在版编目（CIP）数据

航空母舰/李杰著. —北京：中国科学技术出版社，2020.6（2024.8重印）

（尖端武器/李杰主编）

ISBN 978-7-5046-8481-3

Ⅰ.①航… Ⅱ.①李… Ⅲ.①航空母舰—世界—青少年读物 Ⅳ.①E925.671-49

中国版本图书馆CIP数据核字(2019)第271226号

总 策 划　秦德继
策划编辑　李惠兴　郭秋霞
责任编辑　张晶晶　王绍昱
装帧设计　中文天地
绘　　图　崔玮龙　于丽娇
封面设计　崔玮龙
责任校对　邓雪梅
责任印制　马宇晨

出　　版　中国科学技术出版社
发　　行　中国科学技术出版社有限公司
地　　址　北京市海淀区中关村南大街16号
邮　　编　100081
发行电话　010-62173865
传　　真　010-62173081
网　　址　http://www.cspbooks.com.cn

开　　本　710mm×1000mm　1/16
字　　数　185千字
印　　张　12
版　　次　2020年6月第1版
印　　次　2024年8月第2次印刷
印　　刷　唐山富达印务有限公司
书　　号　ISBN 978-7-5046-8481-3/E·15
定　　价　59.80元

丛书编委会

前言

作为最年轻的舰种之一，航空母舰从提出设想起，迄今也就一百多年的历史。1909年，法国发明家克雷曼·阿德撰写了《军事飞行》一书，首次提出了“航空母舰”的设想及运用。1910年11月14日，美国飞行员尤金·伊利驾驶“金鸟”号飞机从“伯明翰”号轻型巡洋舰上成功起飞；两个月后的1911年1月18日，他又驾驶同一架飞机在“宾夕法尼亚”号重型巡洋舰上顺利降落。这两次起飞与降落，标志着飞机与大型战舰能够有效地结合，也预示着一种全新舰种即将诞生。1912年11月，美国海军飞行员埃利森驾机，利用压缩空气弹射器，完成了从军舰上弹射起飞，从而正式拉开了飞机上舰的序幕。1918年5月，世界上第一艘由客船改装成具有全通式飞机甲板的“百眼巨人”号航空母舰正式在英国服役。

航空母舰的称雄之本是舰载机，它们搭载于能在中远海海域活动的大型水面舰只，性能超群、攻防兼备，既能执行各种作战任务，又能担负非战争军事行动任务，且快速机动、保障有力，可长时间地行动于海上。自服役以来，航母以其综合的海上作战平台地位和超强的海空攻防作战能力，占据着海军武器装备的首位；以其不断更新的舰载机、创新高效的新型防御武器，以及多元先进的系统设施，集现代科学技术之大成，始终牢牢地占据着海军装备技术发展的制高点；并以其大范围、长时间、高强度的海上游弋部署和海空作战能力，日渐呈现出多种非战争军事手段，显示着国家海军力量的最高水平。

世界上有英国、日本、美国、俄罗斯、法国、意大利、西班牙、中国、印度等国家建造过（或正在建造）航空母舰；还有许多国家拥有过航空母舰。

在航母百年的发展历程中，航空母舰的运用与诸多重大事件及各种战争行动息息相关；可以说，航空母舰不仅反映历史，甚至在某种程度上改变了历史。百年来，

航空母舰经历了太多的坎坷和曲折，创造了太多的海战奇迹和经典战例，积累了大量的海军建设经验与教训。

伴随着其百年发展历程，人们不难发现：无论是战争行动还是非战争行动，无论获得成功还是面临失败，航空母舰都扮演了极其重要的角色，承担了非常重大的使命，迄今其战略地位和巨大作用仍没有任何力量或武器能够替代。可以说，百年航空母舰的发展史完全是一部近现代史知识的百科全书。它几乎涉及现代科学技术的所有门类：航空、航天、舰船、兵器、电子、动力、材料、气象、航海乃至油漆等。航空母舰还涉及现代军事科学的各个领域：军事思想学、战略学、战役学、战术学、作战学、军事训练学、军事管理学、军事装备学、军事后勤学、军事指挥学、军事运筹学、军事历史学、海洋环境学等众多军事学科，可谓集军事科学理论之大成。

本书的编写，力求从多视角、多方位、多层次揭开航空母舰的神秘面纱，全景式扫描航空母舰的相关知识，以帮助广大读者全面、科学地了解、认识航空母舰，并通过一个个航空母舰故事和经典战例，诠释航空母舰的发展历史、作用功能及所运用的高新技术知识。

目录

第1章　航空母舰之溯源

第2章　航空母舰的由来及甲板上的系统

第3章　经典航空母舰大盘点

第4章　航母的未来发展

第1章

航空母舰之溯源

一、航空母舰是什么？

如今，不少人对于航空母舰已十分熟悉，不仅能够描述出它的大致形状及构造，而且能说出它的不少特点。简单地说，航空母舰是一种搭载有飞机能在海上活动的大型机动平台；再说得准确一点，它就是以舰载机为主要作战武器的大型水面战舰。

1. 航空母舰的分类

（1）按排水量分。航空母舰通常可分为大型、中型、小型。一般来说，排水量在 6 万吨以上为大型，排水量在 3 万 ~ 6 万吨为中型，排水量在 3 万吨以下为小型。

（2）按动力分。航空母舰按动力可分为常规动力和核动力。

从早先由其他类型舰船改装算起，航空母舰已有百余年的发展历史。多年来，航空母舰一直凭借其巨型海上综合作战平台和超强的海空攻防能力，占据所有海军武器装备的鳌头；以其密集装载的高新武备系统，集现代科学技术之大成，站在海军装备技术发展的制高点；以其大范围、长时间、高强度的海上部署和海上作战能力，体现着国家海军力量运用的最高水平。

2. 现在航母知多少

时至今日，世界上只有英国、日本、美国、俄罗斯、法国、意大利、西班牙、中国、印度 9 个国家建造过（或正在建造）航空母舰；即除上述

知识链接

航空母舰的早期定义

1922年年初，华盛顿海军裁军会议签约，协定除对各国航空母舰总吨位的限额作了分配外，还第一次给航空母舰正式下了早期的定义，即标准排水量在1万~2.7万吨，以装载和起降飞机为专门目的而建造的军舰。

根据这一定义，世界各国相继将大中型战舰改为航空母舰。美国把在建的2艘战列舰改建成了“列克星敦”号和“萨拉托加”号航空母舰；日本改建成了“赤

9 个国家外，还有加拿大、澳大利亚、巴西、阿根廷、泰国等国家拥有过航空母舰。百余年来，各国建成并服役的航空母舰总数多达 300 余艘，但目前全球仅有 8 个国家拥有在役航空母舰 21 艘，其中美国拥有大型核动力航空母舰 11 艘，法国拥有中型核动力航空母舰 1 艘，英国、中国拥有大型常规动力航空母舰各 2 艘，俄罗斯拥有大型常规动力航空母舰 1 艘，意大利拥有轻型常规动力航空母舰 2 艘，印度、泰国拥有轻型常规动力航空母舰各 1 艘。

可以说，在世界舰船发展史上，航空母舰虽说是最年轻的舰种之一，但却是一个顶尖级的大家族。

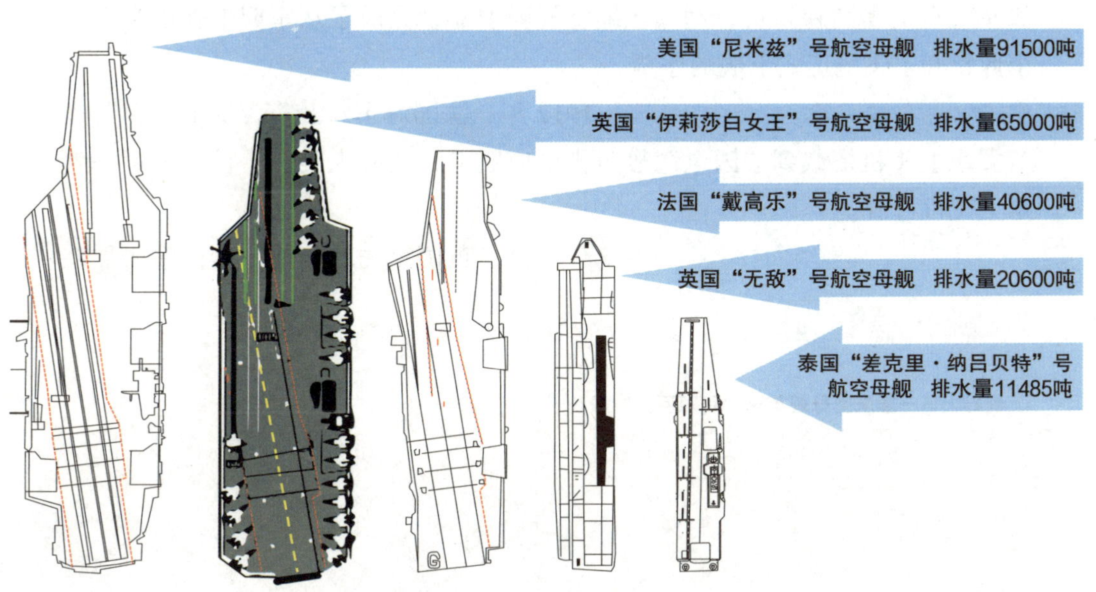

城”号和“加贺”号航空母舰；英国改建成了“勇敢”号和“光荣”号航空母舰，并对“暴怒”号航空母舰进行了翻新改装；法国改建成了“贝亚恩”号航空母舰。改建航空母舰成了早期航空母舰发展的主要特征。航空母舰在第一次世界大战中初露锋芒，初步展示了威力。

二、航母早期发展“三部曲”

航空母舰的发展大体上经历了三个阶段：

1. 初级阶段

1909 年，法国发明家克雷曼·阿德出版了《军事飞行》一书，首次提出了“航空母舰”的设想。1910 年 11 月 14 日，美国飞行员尤金·伊利驾驶“金鸟”号飞机从“伯明翰”号轻型巡洋舰上成功起飞；两个月后，他又驾驶同一架飞机在“宾夕法尼亚”号重型巡洋舰上顺利降落。1912 年 11 月，美国海军飞行员埃利森驾机，利用压缩空气弹射器，完成了从军舰上弹射起飞，由此拉开了飞机正式上舰的序幕。

（1）第一艘水上飞机母舰。1912 年，法国海军将装有浮筒的“鸭”式双翼水上飞机搭载到“闪电”号鱼雷供应舰上，从此人类有了世界上第一艘水上飞机母舰。

（2）第一艘航空母舰。1918 年 9 月，英国率先改建成一艘由客船加装

◎ 世界上第一艘航空母舰英国“百眼巨人”号

有全通式飞行甲板的“百眼巨人”号航空母舰。同时，英国人着手设计“竞技神”号，从而使英国成为世界上最早开始设计并建造航空母舰的国家（但并非第一个使用正式设计航母的国家）。

（3）第一艘专门设计并建造交付的航空母舰。日本海军不甘落后，虽专门设计航母的时间晚于英国，却抓紧建造，抢先于 1922 年 12 月建成了“凤翔”号航母，赶在英国“竞技神”号之前服役，使得日本海军率先拥有了世界上专门建造的首艘航空母舰。

（4）水上飞机航空母舰的首次战例。第一次世界大战爆发后的 1914 年 12 月 24 日夜里，英国海军的 3 艘搭载水上飞机的航空母舰参加了对德国库克斯港的攻击，由于缺乏经验且带弹量小，攻击没有成功。但是，此次攻击却开创了航空母舰参战的先河。

（5）航空母舰的首次成功战例。1918 年 7 月 19 日，英国海军“暴怒”号航空母舰在 4 艘驱逐舰的掩护下，抵近日德兰半岛，很快从航空母舰上起飞的 6 架固定翼舰载机对北海上的特纳港实施攻击，一举击毁了 2 艘德国飞艇，取得了航空母舰作战史上的首次战果。

◎ 第一艘专门设计并建造的航空母舰日本“凤翔”号

2. 发展阶段

（1）航母数量知多少。从 20 世纪 30 年代开始，美国建成了“突击者”号等 5 艘航空母舰，并着手专门研制“埃塞克斯”级航空母舰；英国开工改进型“光辉”级航空母舰；日本更是不甘落后，相继建成“龙骧”“苍龙”和“飞龙”号航空母舰，并开工建造“翔鹤”和“瑞鹤”号航空母舰。直到第二次世界大战爆发前夕，美国、英国、日本三国海军共建造和改建各型号航空母舰 26 艘，其中美国 8 艘，英国 10 艘，日本 8 艘，当时航空母舰的水准已相当高了。在第二次世界大战中，各国共建成了 170 余艘各型航空母舰。

（2）海战主角战例知多少。自这些航空母舰问世以来，便显示出不凡的作战能力。在第二次世界大战（以下简称“二战”）诸次海上战役中，航空母舰大显身手，一举成为海战的主角。例如，① 1940 年 11 月 11 日，英国海军空袭意大利塔兰托基地；② 1941 年 12 月 7 日，日本航母编队偷袭美国珍珠港；③ 1942 年 5 月的珊瑚海海战；④ 1942 年 6 月的中途岛海战；

◎英国“暴怒”号航空母舰，是航母发展史启蒙时期的代表，经历数次实验性的改装

◎ 日本“苍龙”号航空母舰

◎ 日本“飞龙”号航空母舰

◎ 日本“翔鹤”号航空母舰

◎ 日本“龙骧”号航空母舰

⑤ 1942 年 10 月的圣群岛海战；⑥ 1943 年 6 月的马里亚纳海战；⑦ 1944 年 10 月的莱特湾大海战等。

在这些海战中，航空母舰既是攻击敌人的主要力量，又是受敌方攻击

◎ 日本偷袭美国珍珠港

的主要目标。它也由早期保护战斗、实施远程侦察和延伸火炮作用距离的舰只，逐渐发展成为对海、对陆攻击的中坚力量，在各种海战和两栖作战中起到决定性作用，并最终取代战列舰成为海上霸主。

◎ 马里亚纳海战

3. 提高阶段

“二战”结束后，航空母舰的数量需求减少了，但质量却提高到一个新的水平；特别是高性能舰载机的出现，对航空母舰的起降场地、支援保障提出了更高的新要求。

（1）设计理念更新。美国率先发展了“福莱斯特”级重型航空母舰，后来又派生出改进版“小鹰”级航母；这些航空母舰是专为装备喷气战斗机而设计的，采用封闭式舰艏、斜角甲板、蒸汽弹射和升降平台，全面改善了适航性，大大提高了作战能力，形成了美国现代航母基本的构造特点和作战编成。

（2）核动力。核动力装置的出现，为航空母舰提供了几乎取之不尽的强大动力。这一变革性的发明，大大提高了航空母舰的机动性、航行速度、作战范围和自给能力。精确制导武器的广泛应用，使得航空母舰的作战能

◎ 美国“福莱斯特”级“福莱斯特”号航空母舰

力再次大幅提升。

（3）中小型航母日益发展。尽管英国、法国等国航母发展走的是中小型的路子，但它们对关键技术的研究与运用却从来没有停止过。其中，英国的斜角甲板、蒸汽弹射、助降装置、舰载机滑跃起飞和垂直降落等技术为现代航空母舰的发展做出了革命性的贡献。如英国的“海鹞”式飞机能短距 / 垂直起降，大大缩短飞行甲板的长度，并省去了笨重复杂的弹射器和拦阻装置，从而可以大幅度缩小航空母舰的尺寸。英国连续建造了 3 艘“无敌”级轻型航空母舰，该型航空母舰除具有区域防空作战能力外，还在英国特混舰队中担负了指挥和反潜的任务；它的造价只是“尼米兹”级航空母舰的十分之一。不过，这些小型航母也有与生俱来的缺点与不足：吨位小，搭载飞机种类与数量十分有限；载油量小，航速不够大，航程十分有限，中远程作战能力明显不足；采用滑跃起飞方式，导致舰载机载油、载弹量小，

◎美国“小鹰”级“小鹰”号航空母舰

© 英国“无敌”级轻型航母

难以达成集中、猛烈的打击效果。

（4）高新技术层出不穷。进入 21 世纪，航空母舰建设在更新理念和高新技术的推动下，加速向前发展。为了保持海上霸主地位，2008 年美国海军启动新一代“福特”级航空母舰的建造工程，该级航母已于 2017 年正式服役。“福特”级航空母舰采用最新的隐身设计，以及全新的核动力装置、电磁弹射器，搭载有多种极其先进的隐身战机和无人机，并大量应用自动化、信息化、智能化等技术，作战能力大幅提高，开创了航空母舰发展的新纪元。

英国于 2010 年开始建造 2 艘新一代 6.5 万吨级的“未来航母”。新航空母舰采用“双舰岛”结构，以及燃气动力装置，全电力推进，载机可达 50 架，主战飞机为 F–35B 短距起飞 / 垂直降落战机。两舰分别被命名为“伊丽莎白女王”号和“威尔士亲王”号，并分别于 2017 年和 2019 年服役。

2009 年，意大利建造的“加富尔”号常规动力航空母舰服役。该航母满载排水量 2.71 万吨，可搭载 8 架 AV–8B 型垂直起降战斗机和 12 架反潜直升机；同时还能容纳 100 辆轻型车辆或 24 辆主战坦克，装备有现代化的指挥系统和防空作战武器系统，实现了航空母舰、两栖攻击舰和指挥舰等多种功能的集成。

现代航空母舰集中应用了众多最新的科学技术，主要汇聚有新材料、信息、电子、动力、舰船、航空、航天、航海、兵器等众多高新技术领域的最新成果，代表了国家制造工业和军事工业的最高水平，是国家高新科技水平的集中体现。

◎ 美国核动力航空母舰“林肯”号（CVN-72）

◎ 英国“伊丽莎白女王”号航空母舰

第2章

航空母舰的由来及甲板上的系统

一、战争中的“霸主”们

谁是战争中的武器“霸主”？不同的人可能会有不同的答案。有不少人会说，是核武器（原子弹或氢弹）！也许有些人会认为，是水下核潜艇！也有人会毫不犹豫地回答：航空母舰！

众所周知，原子弹爆炸时，不仅能释放出巨大的能量，而且释放能量时间极其短暂，过程非常迅速，一般只在微秒级的时间内即可完成。原子弹造成的破坏也是极为严重的：它可在爆炸的周围产生极高的温度，并加热和压缩周围空气使之急速膨胀，产生高压冲击波。此外，原子弹在地面和空中的爆炸，还会在周围空气中形成火球，发出很强的光辐射。更厉害的是，原子弹在爆炸产生高温与冲击波的同时，还将产生各种射线和放射性物质碎片，向外辐射强脉冲射线，造成电流的急剧增长与消失，从而产生电磁脉冲。可以说，原子弹产生超强的冲击波、光辐射、早期核辐射、放射性沾染和核电磁脉冲等巨大的杀伤性破坏作用。

◎ 原子弹爆炸瞬间

由上可知，原子弹是利用核裂变释放出来的巨大能量来起杀伤作用的大型武器；而氢弹则是利用原子弹爆炸的能量来点燃氢的同位素氘、氚等轻原子核的聚变反应，从而瞬时释放出巨大能量的核武器，也是目前世界上威力最大的武器。苏联曾造出人类历史上最大当量的氢弹“大伊万”，它的当量威力达到了令人恐怖的 1 亿吨 TNT 当量（相当于广岛原子弹当量的 6660 多倍），预计杀伤范围可以达到以爆炸点为中心直径 1000 千米的面积范围。事实表明：无论是原子弹，还是氢弹，其爆炸威力和带来的各种破坏力都是极其巨大的，迄今为止还没有其他任何武器的威力能与上述两者相比。

至于核潜艇，人称“海底核幽灵”，是地地道道的海中霸主。美国“俄亥俄”级核动力弹道导弹潜艇全长 170.7 米、全宽 13 米，水下排水量为 1.87 万吨，艇员 140 名。艇上装有 24 枚“三叉戟”–2（D–5）型弹道导弹（其最大射程达 1.2 万千米，每枚可装 12 枚分导弹头）。然而，这一级核潜艇绝不是水下最大的“巨无霸”；苏联海军时期曾建造了一款名为“台风”级核动力潜艇，这才是真正意义上的海底“巨无霸”。“台风”级核潜艇

◎ 苏联“台风”级战略核潜艇

的艇长并没有比“俄亥俄”级艇长出多少，它的艇长为 172.8 米（仅比后者长 2.1 米），不过它的艇宽却几乎是后者的 2 倍，达到 23.3 米；水下排水量达到了惊人的 2.65 万吨，搭载艇员 175 名（其中 55 名军官）。艇上共装有 20 枚 SS－N－20 洲际弹道导弹，每枚导弹质量 90 吨，装有 10 枚分导弹头，最大射程为 8300 千米（导弹命中误差 500 米）。

综上所述，可以看出：核武器（包括原子弹、氢弹等）绝对是当今世界上威力最为强大的武器；而核潜艇则是目前全球水下最大的“核战舰”，打击威力也十分强劲。

如果问：谁是当今块头最大、综合作战能力最强的海上霸主？恐怕就非航空母舰莫属了。我们可以简单地描述一下大型航母的基本情况，你就可以大概了解它究竟大得有多吓人，其综合作战与非战能力有多强了！

以当今世界上装备年限最短、性能最先进的“福特”级航空母舰为例，该级航母长约 337 米，飞行甲板宽约 77 米，面积接近于 3 个足球场大小；满载排水量超过 11.2 万吨；舰员共有四五千人；可从海上方向完成空中、水面及水下等空间的几乎所有作战任务和非战争军事行动任务。

二、航母雏形是如何诞生的？

提起航空母舰的诞生，就不得不提及在航母早期发展进程中做出突出贡献的尤金·伊利，以及发现这个人才的两位恩师：格伦·柯蒂斯和欧文·钱伯斯。

1. “水上飞机之父”——美国人格伦·柯蒂斯

我们先来说说格伦·柯蒂斯，他是美国第一位驾驶自制水上飞机，实现在水面起飞并顺利安全降落的驾驶员，因此他被称为美国“水上飞机之父”。准确地说，他既是一位出色的飞行家，又是一位著名的飞机设计师，他还是柯蒂斯飞机与发动机公司的创始人。可以说，老板与伙计一肩挑。

1878 年 5 月 21 日，在美国纽约州海蒙德斯港附近的一个普通家庭里，格伦·柯蒂斯呱呱坠地。由于家境颇为贫寒，他还在很小的时候就开始做报童，每天放学之后就赶往附近社区，将当天的一份份报纸送到各家，尽管收入微薄，但因能给家里些许补贴，所以也就成为他童年的美好记忆。

19 世纪末，自行车的使用日渐风靡，很快便在世界范围内掀起了一股自行车旅游热。为了抓住这突如其来的旅游热商机，美国在极短时间内就涌现出了 400 家自行车制造商。

◎“水上飞机之父”——格伦·柯蒂斯

始终对机械怀有浓厚兴趣且有着强烈进取精神的柯蒂斯，与当时已极负盛名的莱特兄弟几乎一样，也开了一家规模可观的自行车店。出于极度喜爱自行车和摩托车运动，作为自行车和摩托车制造商的他，义无反顾地充当起店里的自行车和摩托车设计师。在业余时间里，他经常驾驶着自己设计的摩托车在马路上疾驰狂奔，以便及时发现问题，

◎ 格伦 · 柯蒂斯驾驶滑翔机

随时加以改进。由于驾驶技术娴熟及对摩托车性能的熟悉，他还创造过一项摩托车竞赛的世界纪录。

在电话发明家亚历山大 · 贝尔的鼎力帮助下，柯蒂斯借助改装摩托车发动机的经验，于 1906 年研制出了美国的第一台航空发动机。翌年，柯蒂斯和贝尔等航空爱好者创建了美国航空实验协会，并制造出了他们的第一架飞机“红翼”号。

1908 年，柯蒂斯开始在一架双翼滑翔机上安装上一台 40 马力（1 马力 ≈735 瓦）的发动机，制成了一架独特的推进式飞机，并为它取了一个颇有特点的名字：“六月甲虫”号。同年 7 月 4 日，尽管有官员到现场观看，柯蒂斯仍驾驶这架飞机以每小时 64 千米的速度，飞行了 1 分 42 秒，

知识链接

什么是滑翔机?

滑翔机是自身大多没有动力装置，且采用固定翼的一种航空器。它既可由飞机拖拽起飞，也可由地面汽车牵引起飞，还可以从高坡上下滑到空中。在无风情况下，滑翔机在下滑飞行中依靠自身重力的分量获得前进动力。对于这种以损失高度的无动力下滑飞行，称为“滑翔”。而依赖滑翔飞机的航空器，称为“滑翔机”。

世界上第一架滑翔机出现在1891年。

约 1810 米。从今天的角度来看，这一成绩似乎不够理想，但在当时，却使柯蒂斯获得了美国航空俱乐部设立的 1908 年度“科学美国人奖”。

通过吸取这架飞机的经验与教训，柯蒂斯又接连研制出几种改进型。并且他对水上飞机抱有相当浓厚的兴趣。1908 年下半年，柯蒂斯在自己的“六月甲虫”双翼机机翼下方装上浮筒，为它起了一个十分贴切的名字——“潜鸟”。不过，也许是运气不好，柯蒂斯接连几次在水上进行起飞试验都没能成功，但他并不气馁，继续埋头试验。功夫不负有心人，后来这些尝试却歪打正着，为柯蒂斯成功设计性能优良的“金鸟”号飞机奠定了坚实的基础。

在家乡海蒙德斯港、圣迭戈等地，柯蒂斯于 1909 年创建了世界上最早的飞行学校，开始向那些受航空浪潮影响而热爱飞行的年轻人传授飞行技术。这一年，柯蒂斯最成功的表现是，仅仅用了 3 个星期的时间便制造出了那架后来闻名遐迩的“金鸟”号双翼飞机。这架飞机的前后都装有垂直尾翼和水平尾翼，双机翼间还装有辅助小翼。

1909 年 8 月 22 日，在法国兰斯举行的第一届国际飞行竞赛大会上，柯蒂斯驾驶这架飞机，与法国著名的飞行家布莱里奥争夺“高登·贝赖特奖”。大概老天对柯蒂斯格外偏爱，在比赛中，布莱里奥驾驶的飞机因油管破裂漏油而发生火灾，人虽逃出，飞机却被大火烧毁。这样，柯蒂斯以每小时 69.861 千米的速度，获得了环绕固定坐标塔飞行的速度冠军，夺得了“高登·贝赖特奖”。

1910 年 3 月 28 日，法国人查利·法布尔试飞了世界上第一架水上飞机。这架水上飞机成功的关键是在飞机的机身下方安装几个浮筒，以便在水面上起飞和降落。因此，法布尔也被一些人称为“水上飞机之父”。其实，真正

核动力航空母舰

世界上第一艘核动力航空母舰是美国于 1958年2月4日开工建造，1961年 11月25日建成服役的“企业”号。

航母采用核动力的最大好处是可以提高续航能力，目前常规动力航母的续航能力一般为1.5万-2.7万千米，而核动力航母可50倍于此，极大地增强了远洋作战和连续值勤的能力，美国于20世纪 70年代后又建造了7艘“尼米兹”级和1 艘“福特”级核动力航空母舰，基本具备无限续航能力。

为水上飞机做了大量实际工作，并使水上飞机逐步走向成熟的当首推美国人柯蒂斯。

在水上飞机设计与飞行领域，格伦·柯蒂斯不仅驾驶自制的水上飞机第一次实现世界上的水面起飞及安全降落，而且他还接连驾驶水上飞机创造了多项世界纪录。为此，他名声大噪，并为美国在世界上赢得了很高的荣誉。

柯蒂斯及美国同期众多航空事业的先驱者所创立的辉煌成就，使得曾一度落后于欧洲的美国航空工业后来居上。柯蒂斯也乘势而上，成为世界航空事业的领跑者。

飞机在 20 世纪初完全是个稀罕玩意儿，很多人根本没见过飞机，因此柯蒂斯飞机公司经常会组织飞行队，四处去做科普巡回表演。一次偶然的机会，柯蒂斯认识了身材孱弱却极富冒险精神的尤金·伊利。鉴于尤金·伊利对机械的特殊情感，以及拥有一股从不服输的精神，柯蒂斯一眼就相中了他，并邀他加入自己的公司，原本只是开车好手的他成为飞行表演队的一员，开始到处巡演。

后来，伊利认识了一位对飞行器兴趣浓厚的美国海军上校军官——钱伯斯，后者当时还只是一名战列舰舰长。不过，以后的事实表明，钱伯斯对舰载机的发展做出了极其突出的贡献。鉴于他对美国海军航空兵的建立立下了汗马功劳，后来人们都把他称为美国海军“航空兵之父”。

钱伯斯对飞机搭载上舰的浓烈兴趣，深深感动着伊利这位刚刚毕业的大学生，从而催生了一项划时代的世界起飞试验。不过，作为试验舰的“伯明翰”号轻型巡洋舰虽然可以由钱伯斯调拨使用，但是关于试验经费，海军一分钱也不肯出，只好全部由柯蒂斯公司筹措，以及伊利个人免

◎ 美国海军“航空兵之父”——钱伯斯

费担任试飞员来解决。

2. “金鸟”号壮举名垂千史

1910 年 11 月 14 日，改装完工的“伯明翰”号轻型巡洋舰由 3 艘驱逐舰护航，驶抵美国东海岸汉普顿锚地，准备进行首次舰载机飞行试验。

然而，令人遗憾的是，当天天气极其糟糕，先是乌云压顶，接着大雨倾盆，雨中还夹着阵阵冰雹，能见度几乎为零。但伊利早已急不可耐，执意要求进行试飞。他生怕德国人抢在自己的前头，夺得了世界第一的头衔。因为一旦天气好转，德国人了解到美国人的计划后，完全有可能把他们的飞行日期提前。

柯蒂斯式飞机的质量虽然很轻，但舰上可使用的木质跑道距离实在是太短了，只有 17.37 米。于是，钱伯斯上校决定：飞机起飞时，“伯明翰”号巡洋舰以 20 节（1 节 =1.852 千米 / 时）航速逆风行驶，从而使相对风速有所增加以助飞机起飞。

下午 3 时整，天气依然糟糕透顶，但此时的伊利毫不犹豫地登上飞机，启动了飞机发动机，并发出了做好起飞准备的信号。随即，“伯明翰”号巡洋舰开始起锚，可是过了 16 分钟，还没有出航，伊利便发出飞机即刻起飞的信号。“金鸟”号飞机在下倾 5° 的木质跑道上开始加速。不过，由于滑跑距离太短，它未能达到应有的起飞速度，飞机越过舰首之后并没有完全飞起来，而是立即坠落了 11.3 米。

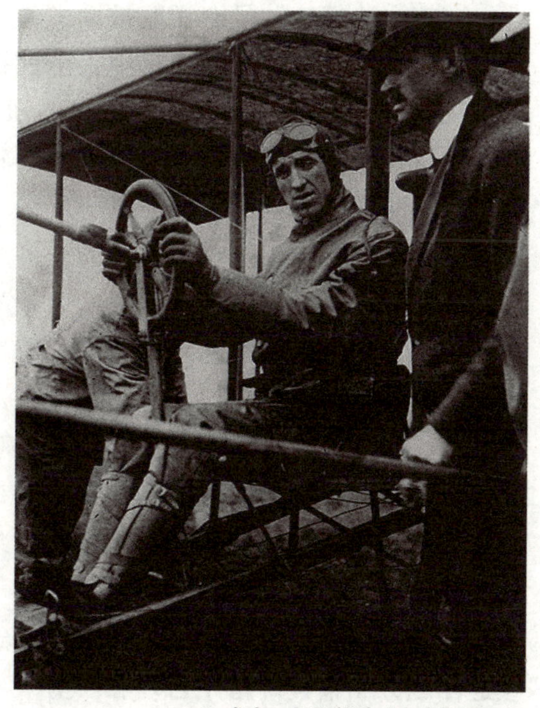

◎ 尤金 · 伊利驾驶“金鸟”号飞机

凭借着高超的驾驶技艺，伊利机敏地利用飞机下降的空当，操纵飞机使其获得了一定的速度。但即使这样，这架柯蒂斯式飞机也只能勉强在空中飞行；机上螺旋桨、轮子和浮筒全都因加速接触到水面而被海水打坏。伊利浑身上下都被海水打湿，不过他还是竭力控制住由于螺旋桨受损而抖动不已的飞机。

此时，雨仍下个不停，能见度继续降低，当时飞机上没有任何指示仪表，伊利依然顽强地驾驶着“金鸟”号在离海面仅几米的高度上盲目地飞行。好在最后时刻，命运眷顾了他！他总算看到了斯皮特海滩，小心翼翼地把受损的飞机降落在这里。伊利胜利地完成了具有历史意义的41千米飞行。

“金鸟”号的壮举，为航空母舰诞生及舰载机的问世奠定了里程碑式的基础。

当天，这一壮举便在美国全国范围内引起了巨大的轰动。为此，钱伯斯上校决定一鼓作气，继续完成飞机在军舰上降落这一更为困难的试验任务。这次钱伯斯没有费更多的口舌，美国海军决策当局就很痛快地答应进行飞机着舰试验。

“宾夕法尼亚”号巡洋舰被选中作为着舰试验舰。为了安全、可靠地完成这一任务，海军在舰的后甲板上铺设了长36.58米、宽9.75米的木质降落平台。在降落平台四周也加装了木质护板，以防止飞机滑出舰外。此外，为了防止飞机冲出降落平台，撞到上层建筑上，还在滑行坡道末端加装了帆布拦阻网。

“金鸟”号再次担任着舰试验任务。为了确保降落万无一失，柯蒂斯公司工作人员对它进行了全面的改装，不仅增大了翼展，而且在上下机翼之间增加了间隙，目的是减轻机翼的载荷，使飞机能够慢慢降落；且在机翼下面安装了两个像鱼雷一样的浮筒，这样飞机一旦在海上迫降时也不会下沉。这种改进型的飞机后来被称为“柯蒂斯D”型军用机。

实际上，最为关键的还是这次降落试验的试飞员人选，钱伯斯上校和柯蒂斯不约而同又想到了尤金·伊利。果然，尤金·伊利一口答应承担这项试验任务。

不过，首先要对军舰进行改装。在旧金山马雷岛海军船厂，“宾夕法尼亚”号巡洋舰开始铺设降落平台。在一旁观看的伊利见铺设的降落跑道太短，十分担心：如果降落后没有制动器阻滞这架质量为 454 千克的柯蒂斯式飞机，飞机很可能会冲出跑道，发生严重事故。

怎么办？究竟怎样才能在最短的距离之内，把“金鸟”号的速度迅速降下来？很快，各种方案纷纷提出，最后总算确定了一种最妥善的解决办法：在飞机的轮架上装两个挂钩，在降落平台上横向设置 22 根用马尼拉麻制成的绳索当作拦阻索；拦阻索架高 30 厘米，拦阻索两端分别系着一个沙袋，将拦阻索拉紧。飞机降落时，机身下面的钩子只要钩住拦阻索中的任意一根，飞机就能稳稳地停下来。

这种简单而出色的拦阻装置，成了后来航空母舰拦阻装置的标准形式，并一直沿用至今，只不过如今是用比较复杂的液压制动器代替原来的沙袋。究竟是谁首先提出使用横向拦阻装置？多数人认为：有可能是伊利最先提出的这种想法，因为他先前曾用类似的方法制动全速奔跑的赛车。

在伊利从“伯明翰”号巡洋舰起飞仅两个月后，飞机着舰的准备工作即完全就绪。但是，此时加利福尼亚州外海的天气，也和上一年 11 月美国东海岸差不多，一连几天不停地下雨。到了 1 月 18 日，天气略微放晴，伊利决定进行试验。他的计划是上午先从坦福兰机场起飞，并于当地时间 11 时降落

◎ 尤金 · 伊利在准备起飞

◎ 伊利驾驶着“金鸟”号飞机从“伯明翰”号舰首滑出

在“宾夕法尼亚”号巡洋舰上。

此时，伊利已急不可耐地在自己的胸部上缠了两条自行车内胎，以替代传统的海军救生背心。他的脑袋上还戴了一顶外形颇像足球的皮制飞行帽。突然间，又传来一则不好的消息：旧金山湾的风逆着涨潮方向，即“宾夕法尼亚”号巡洋舰舰尾迎着风，也就是说，他驾驶飞机在舰上降落时，降落速度将变得很快。

在舰上焦急等待的伊利，认定不能再耽搁了，急忙爬上没有座舱的柯蒂斯式飞机，机械师无奈地转动了飞机螺旋桨，启动了飞机发动机。10 时 45 分，

知识链接

拦阻索

拦阻索是航母拦阻装置的重要组成部分。舰载机通过尾钩钩住甲板上若干根钢索中的一根，钢索对舰载机施加向后的作用力，使之逐渐减速，最终停止在飞行甲板着舰区。拦阻钢索在被舰载机尾钩钩住的一瞬间要承受非常大的冲击力和拦阻力，既要具备较高的抗疲劳连续工作性能，又要有很高的硬度，还要有

◎ 尤金·伊利驾驶的飞机成功降落在“宾夕法尼亚”号巡洋舰上

飞机滑跑腾空，朝着停泊在旧金山湾的“宾夕法尼亚”号巡洋舰飞去，整个飞行距离约为 19 千米。

空中的能见度依然很差，伊利十分艰难地找寻降落标志。这回老天再次眷顾了他，他在空中飞着飞着，天气却突然奇迹般地放晴起来！伊利看到海面上有许多小船，船上挤满了观众，其中还有几艘由“宾夕法尼亚”号巡洋舰派出的瞭望艇，他们的任务是，万一“金鸟”号在海上迫降坠落，必须急速前往营救，保障伊利的安全。

离巡洋舰越来越近，伊利把飞机的飞行高度降到约 30 米。当从巡洋舰上

颇强的韧性。

为了保证舰载机的安全，提高尾钩的钩索率，通常在甲板着舰区设立3～4道拦阻索；第1道拦阻索多设置在距舰尾端40～58米处，每道拦阻索之间的间隔为12～16米。舰载机着舰的最佳位置是在第2～3道拦阻索。

空飞过时，他惊奇地看清了每一根桅杆、桅桁和挤满水兵的甲板，水兵们都在凝神地望着他。

在舰甲板的降落平台上，整齐地排列着 22 根拦阻索。伊利驾驶着柯蒂斯式飞机转到舰尾这头，对正甲板，减小油门，开始准备降落。他迅速修正航向，使飞机对准甲板；并在离平台外伸板大约 15 米时，关闭了油门。伊利稳稳当当地把柯蒂斯式飞机降落在巡洋舰上，22 根拦阻索有一半甩在飞机后面，飞机轮子几乎触到了甲板；轮架上的挂钩先是钩住一根拦阻索，然后又钩住了另一根，沉重的沙袋很快使飞机停止下来。飞机最后停稳时，距离降落平台的前端只有 15 米，比预计完成时间提前了 1 分钟。

整个试验场先是一片沉寂，过了较长一段时间后，突然爆发一阵阵热烈的欢呼声。这些欢呼声不仅来自“宾夕法尼亚”号巡洋舰，而且来自周边所有

◎ 美国“宾夕法尼亚”号巡洋舰

舰艇上，以及岸上的观众。许多舰艇拉长鸣汽笛来助威，表示庆贺。

但是，这次成功的降落也和起飞一样，依然没有给伊利带来什么实际的好处。他曾写过求职信给他的第二位恩师——钱伯斯上校，希望自己能继续研究海军飞行；后者虽然尽了很大的努力，却没能实现他的愿望，因为当时的美国海军对飞机并没有特别的兴趣。迫不得已，伊利只好“重操旧业”，接着去干他的飞行表演。一年后，在一次飞行表演中，伊利驾驶的飞机在俯冲时失控，虽然他成功跳出飞机，但由于颈部受重伤，短短几分钟后便去世，时年 25 岁。这位天才飞行先驱的飞行生涯仅仅持续了 18 个月。

尤金·伊利的英年早逝，丝毫也没有降低他为早期航母及舰载机发展所做出的不可磨灭的巨大贡献。

◎ 铺设有一段木质飞行甲板的老式巡洋舰

三、中国的“最早航母”是哪艘？

提起那位 80 余年前曾叱咤风云的张学良将军，恐怕大家并不陌生。这位中国近代著名爱国将领，于 1936 年发动了震惊中外的“西安事变”，为促成国共第二次合作，结成抗日民族统一战线做出了巨大的贡献。

而张学良的父亲正是北洋军阀主要派系之一的奉系军阀首领张作霖。大概很少人会想到：张作霖居然和中国最早的“航空母舰”有着不解之缘。

1923 年，张作霖麾下的奉系海军从烟台政记轮船公司购买了一艘排水量 2708 吨的商船“祥利”号。该船原为德国海军的运输船，最大航速为 12 节，在当时世界上的海军运输船中算是佼佼者。奉系海军最先是把这艘改装后的战舰“镇海”号作为一艘练习舰使用。

大字不识多少的张作霖，尽管对舰船不懂行，更对航母及水上飞机一窍不通，但他大胆的想法的确使东北海军乃至世人为之一惊！在他的鼎力支持下，“镇海”号再次被拖上船台，经过一番大卸八块般的改造后，“摇身”一变成为一艘水上飞机母舰。

翌年 12 月，张作霖又向法国订购了一批“施莱克”FBA–19 型水上飞机。尽管该型飞机一共只生产了 9 架，可张作霖一次就订购了其中的 8 架！这种水上飞机是“施莱克”FBA–17 型的改进型，全长 12.87 米，翼展 8.94 米，主机由原来的 180 马力向后推进式发动机改为 300 马力伊斯帕诺 – 斯维萨向前拉进式发动机，时速则由原来的 158 千米提高到了 180 千米。该飞机曾多次打破水上飞机的飞行高度和飞行速度的世界纪录。

奉系海军于 1926 年 3 月在今河北秦皇岛成立了在当时也十分前卫的“水面飞机队”，其主力就是这 8 架法制“施莱克”FBA–19 型水上飞机。有了大型可搭载飞机的战舰，又有了水上飞机，可以说是“万事俱备，只欠东风”，就等试验了。

奉系海军起步要比闽系海军晚，规模也小得多，但它却率先建立了中国最早的海军航空兵部队，而且建制一直保持在奉系海军作战序列之内。由此，“镇海”舰也便顺理成章地成为中国海军史上第一艘水上飞机母舰，舰上通常可搭载 1~2 架“施莱克”FBA–19 型水上飞机随行。从今天的观点来看，该舰虽然不是真正意义上的航空母舰，也没有装设弹射装置，而且飞机起飞前需要用起重机将飞机吊入水面，然后滑跑起飞升空，待完成作战任务后再返回到战舰附近海域，用起重机将飞机吊回舰上，可谓既费时又费工。但是，它却首次完成了中国历史上水上飞机搭载战舰的起降过程。

“镇海”号、“威海”号这两艘水上飞机母舰一问世，便充满“杀意”！ 1927 年 7 月 22 日，两艘战舰悄无声息地驶向现今的连云港附近海域。当两艘战舰行驶到雷峰一带时，“镇海”号停泊下锚，将所载的一架“施莱克”号飞机吊放入海中，飞机加速滑行一段距离后便迅疾腾出水面升空，随之在海石、新浦等地投下了数枚炸弹。这次行动虽然没对敌方目标造成什么实质损伤，却使当地军民相当恐慌。当闽系舰队闻讯后快速前往迎击时，这两艘军舰却早已失去了踪影，只得悻悻

◎“镇海”号水上飞机母舰

而归。

虽然“镇海”号完成了一次成功的偷袭，但并未获战果。不过天赐良机，它在返航途中意外发现了一艘运兵船“三江”号正航行于连云港外。两舰毫不犹豫，一起对它开炮拦截，“三江”号毫无招架之力，只得被迫停船。

“镇海”号官兵上船后一搜查，发现船上除 17 名船员外，还装有各类书刊数万册，军衣 8000 套、雨衣 1000 件、水壶 20 箱，以及马枪 5 支。自然，这些“猎物”全被奉系海军俘获。此仗作为中国最早“航空母舰”初出茅庐的第一仗，也算取得了一些额外战绩。

◎“施莱克”号舰载水上飞机

四、飞行甲板上的那些事

1. 飞行甲板

航母上有一块非常特殊的地方，不仅面积宽广，而且错落有致地设置了各种设施。这是一个其他任何水面战舰所没有，却扮演并起着极其重要作用的场所，可供舰载机起飞、降落和停放，是人员和设备完美结合、高效运用的平台。它就是人们通常所称的飞行甲板。

航母飞行甲板要承受舰载机降落时的巨大冲击力，是航母最上层的甲板，起到相应的保护和隔绝作用，因此要求飞行甲板的强度很高。

（1）飞行甲板的结构。早期的航母飞行甲板表面只能铺设一层木质甲板，而现代航母的飞行甲板表面早已改为全金属；随着冶金技术的发展，航母飞行甲板用钢的材质越来越好，屈服强度越高。现代大型航母飞行甲板的厚度普遍在 80 ~ 100 毫米，小型航母要再薄一些。其结构普遍采用多层结构：①最上层。是防滑涂层，由防滑粒料、阻燃材料和成膜树脂组成。防滑涂层除防滑外，还可以保护钢质底材不受海水和盐雾的腐蚀，并能提

◎ “尼米兹”级CVN-75“杜鲁门”号飞行甲板上的舰载机

高甲板耐高温冲刷能力。②中间层。是特种钢板，是主要承力结构。③下层。是凯夫拉材料和其他阻燃、降噪材料组成的内衬。

当然，航母不同的部位甲板厚度也不一样，以美军现役的“尼米兹”级航母为例，其机库的甲板厚度有 38 毫米，而通道甲板的厚度只有14毫米，但是指挥中心和动力系统则为 330 毫米，水下部分为了防止鱼雷打击也有150 ~ 200 毫米。总之，航母甲板和其他部位只要能用薄的，绝对不用厚的，因为动力系统、载油量等都是要考虑的因素，不能仅为了防护力而忽略其他功能。

（2）飞行甲板建造遵循原则。①甲板的材料和强度是最重要的。一般航母会采用钨合金耐冲击高强度钢板，比同等厚度的钢板不仅强度大而且质量轻。美军曾经对退役的“小鹰”号航母做过试验，将重 30 吨的战机高速砸到甲板上，甲板没有任何形变与痕迹，后来又对该航母狂轰滥炸 25 天才炸沉，足见各部位甲板的强度相当高。②航母拥有立体的防御体系，通常会配备驱逐舰、护卫舰、核潜艇等组成航母编队，如果艘航母有 50 架舰载机，那么执行任务时舰载机会大部分在飞行，从而使航母从水下到空中都有保护兵力。如此严密的防御体系，通常很难被突破。

时至今日，有许多国家可以建造比航母还要大的商船货轮，但却不能建造航空母舰，甲板技术难度大是其关键原因之一。

2. 挡流板

众所周知，喷气式舰载机在弹射起飞前，发动机就已全速运转。此时，它会向后喷射出高温、高速燃气流，对人员和器材危害甚大。这时，弹射器后方张起的挡板可使燃气流向上偏转，不会喷向后面甲板。这种挡板也叫“偏流板”或“燃气挡流板”。

（1）诞生与作用。挡流板诞生于 20 世纪 50 年代喷气式舰载机搭载上航母时期，当时美国航母甲板还是木质的，美国海军发现舰载机尾部后端喷出的喷气发动机高温燃气会直接对着甲板，这样烘烤时间一长，极易引起火灾。经过摸索与研制，航母上开始使用挡流板并沿用至今。

通常，一部现代弹射器的后面一般都装着一组 3 ~ 4 块，甚至更多燃气挡流板。每当单发飞机起飞时就张开正中一块，而如果是双发飞机起飞，就必须多块挡流板一起张开。这样，它所喷出的火焰就会被引导至上部，不会对后面的设备、飞机和人员造成伤害，也不会影响到后续飞机弹射的起飞作业。

（2）材料与结构。燃气挡流板要求耐高温、耐冲击，能经受忽冷忽热和飞机起飞时强大的冲击力，制造难度很大。为了降低燃气流的灼热温度，现在航母还在挡流板的背部加装了一套供冷却水循环流动的格状水管。

挡流板装置一般由喷气偏流板、液压驱动装置、海水冷却系统和控制系统组成。当飞机和弹射器往复车的拖索连接后，要检查后机身和偏流板的距离。这个尺寸因航母不同而异，为了防止极端声振和高温喷流对飞机造成损伤，飞机发动机尾部和偏流板（下缘）之间至少要保持 5.72 米距离。弹射器和挡流板之间至少要保持 17.58 米距离，典型的牵引滑车张紧位置和偏流板之间至少要保持 19.69 米距离。

◎ 舰载机准备起飞，挡流板打开

传动装置由上驱动杆、下驱动臂、转动轴、U 字钩组成，整个偏流板由底部的液压缸支起，因此整套系统对结构强度要求较高。为了便于对航母上各种发动机位置的飞机及弹射姿态都能起作用，在设计过程中，一般采用由 6 块并排排列的小板组成一整块喷气挡流板。同时不能让喷气折回而损伤正在弹射的飞机的尾部，因此在设计与人为操作过程中，都十分讲究对挡流板与飞行甲板角度的控制。

大家知道，现代航母舰载机多采用航空涡轮喷气发动机，而这种发动机的优点是提高了涡轮前温度，效率高，油耗低，但也导致其释放能量更高，这同样给挡流板提出更高的要求。

目前，俄罗斯“库兹涅佐夫海军元帅”号航母的喷流挡流板由钢框架的铝板构成。喷气流喷在挡流板上的温度可达 1600 摄氏度。为了降低喷气流的灼热温度，除了加装上面所说的冷却水循环流动格状水管，以保证冷却后的钢结构温度降到 50 ~ 60 摄氏度外，还要求在飞机起飞后喷流偏流板迅速放倒与甲板齐平，时间必须控制在 3.5 秒以内。

◎ 打开状态的挡流板

自 20 世纪 50 年代以来，美国航母飞行甲板进行了诸项重大的改革，并逐渐用弹射能量更大的蒸汽弹射器取代液压弹射器，每座弹射器后方均设喷气挡流板。

如今，美国航母使用的是水冷式喷流挡流板，当它升起时能承受 9628 千克力的喷气推力，完全升起后能承受 40824 千克力的喷气推力，升降周期为 30 秒。例如，美国“尼米兹”级航母上有 4 组偏流板，其中有 3 组是 MK7MOD0 型，每组 6 块板，偏流板尺寸 14.6 英尺（1 英尺 =0.3048 米），安装在第 1、3 道弹射器的后面；有 1 组是 MK6MOD2 型，每组 2 块板，偏流板尺寸 10 ~ 12 英尺，安装在第 4 道弹射器的末端，其动力源与弹射器共用。而“企业”号航母和“小鹰”号航母上也有 4 组偏流板，其中有 2 组是 MK7MOD 0 型，每组 6 块板，挡流板尺寸 14.6 英尺；另有 2 组是 MK6MOD 1 型，一组 3 块板，一组 1 块板，挡流板尺寸为 7 ~ 14 英尺，其动力源与弹射器共用。“肯尼迪”号航母的 4 组偏流板有 3 组是 MK7MOD0 型，每组 6 块板，另有 1 组是 MK6MOD3 型，一组 1 块板，挡流板尺寸为 8 ~ 14 英尺。

实际上，一块看似不大起眼的燃气挡流板，结构却十分复杂。它不仅是甲板、设备、人员和飞机的“保护”屏障，而且本身还有助推的功能。

3. 升降机

大型航空母舰最多装载有近百架飞机，当然不能都放在甲板上，一部分飞机只能停在飞行甲板下面的机库里。飞机停放在机库中，就有个搬进和搬出的问题，这就需要飞机升降机。因此，有人称其为舰载机的“搬运工”。

航母升降机是航母上的垂直运输工具，主要往返于航母甲板与机库之间，用来运送战机。每艘航母都有机库，有了机库，战机就有了更好的家，既不受风吹雨打，又避免了占据更多的甲板空间，而且在机库里还方便对战机进行维护与保养。有了升降机，战机就可以很方便地往返于甲板与机库之间，更利于战机的调配。

由于日常的楼房内的电梯或货用电梯是垂直运输工具，因此有些人会把它与升降机联系到一起。航母升降机只往返于机库与甲板之间，相当于电梯只在一层与二层之间往返。有人认为，航母升降机在原理上应该很简单，实现起来也很容易。其实不然，航母的工作条件与环境和日常高楼相差很大，而且航母上要求空间效率更高。

在航母上，不可能像日常高楼那样配有电梯前室、电机室及控制室，否则会使航母甲板的上层建筑过于庞杂，明显影响战机的调配和周转；还会使航母稳定性变差，重心上移。

最早的航空母舰并没有升降机，如早期的日本航母就没有升降机，共有三层甲板：最上层是降落甲板；中层和下层甲板为起飞甲板。起飞甲板与机库相通，飞机一推出机库，立即就可起飞。当时有名的“赤诚”号、“加贺”号等航母都采用这种起飞方式。

◎ 航空母舰舷侧式升降机

随着飞机起降速度大幅提升，升降机便开始普遍上舰。不过，“二战”之后，航母升降机大多采用舷内式，布置在飞行甲板的中线上，给舰体的纵向强度带来损失，需用几百吨钢材来补差，而且占用的有效空间较大，装甲防护也差，特别是不能同时弹射和回收飞机。

为了克服舷内式升降机的缺点，适应飞机同时弹射和回收的需要，保证舰体纵向强度，设计师们对此进行了改良。很快，一种新的升降机布置方式在新造航母上出现，这就是布置在航母甲板舷侧的舷侧升降机。美国战后建造的大型航母全都采用舷侧升降机。

（1）升降机配备。首先，不同类型的航母，其升降机类型是不一样的，升降机首先要满足战时起降批量战机的需求，因此，配什么样的升降机，配多少升降机，都是经过反复计算并最终确定的。这里以美国“尼米兹”级和俄罗斯“库兹涅佐夫”号航母为例：“尼米兹”级有 4 部升降机，每部升降机能一次运送 2 架 F/A–18E 战斗机；而“库兹涅佐夫海军元帅”号

◎ 航空母舰舷内式升降机

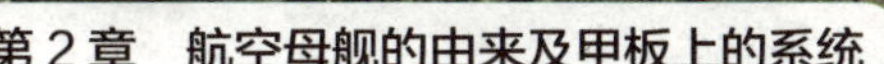

一次最多只能运送 1 架苏 –33 战斗机，毕竟其上的苏 –33 数量有限，远低于“尼米兹”级上的 F–18 数量。此外，两者运载能力也不一样，美国“尼米兹”级要远强于“库兹涅佐夫海军元帅”号，不过升降机采取的都是舷侧式；而意大利“加里波第”号航母则采用了舷内式升降机。

（2）升降机种类。航母升降机分为舷内式和舷侧式两种。①舷内式升降机其实就是在航母甲板上开个洞（通常都是矩形），利用这个开口部分设置升降平台，然后在旁边开口甲板的下方布置升降机的附件，以液压装置带动钢丝绳并达到提升升降平台的目的。它的优点是共装有 4 个导轨，在海浪较大的情况下，防侧向移动能力较强，同时它有 6 组钢丝绳拴固点，提升应力不过分集中，使航母保持良好的稳定性，因为它不会在侧边外露，特别是个头小的航母，如果机库离水面距离太近，就必须采用舷内式升降机，否则可能造成海水倒灌（即便是大型航母，采用舷侧式也不能认为浪大时海水就进不来。同时为了防止机库通道口受到敌方的攻击，在机库与

◎ 舰载机正在入机库

◎航空母舰舷侧式升降机

升降机通道口处设置了 4 角圆弧形，内外两层门，以保证不受敌方攻击及海浪的影响）。但是，舷内式升降机的缺点也很多。首先，平板一般处于舰体中间，将会占据机库空间；其次，在甲板的中间开口将影响战机的调配与周转，影响航母的整体结构强度。②舷侧式升降机为悬臂式结构，也就是在航母机库外侧的舷边设有腰形开口。以"尼米兹"级为例，它开口宽 23.5 米，进深 15.9 米，呈直角梯形，总面积为 374 平方米。

舷侧式升降机有着出色的特点：一是确保了航母飞行甲板的完整性，提高了舰体结构的合理性；二是由于升降机三面对空，可起降大型舰载机，增加机库的面积；三是舷侧升降机工作效率很高，通常在飞行甲板到机库之间运行一次只需 25 秒，升降机升降一轮最多也只需 55 秒，包括在飞行甲板和机库甲板各停 15 秒的装卸时间，如果一艘航母上装有 3～4 部舷侧式升降机，那么，即使几十架飞机全部一次出动，最多也就半小时。

无疑，舷侧式升降机也有其不足，既容易导致航母水密、气密及防化性能较差，海浪也易干扰升降机平台，给操作带来不便。

4. 拦阻索

拦阻索是航空母舰拦阻系统的一部分，属于飞行系统的核心装置之一。英国是最早发明和使用拦阻索技术的国家。然而，时至今日能独立生产拦阻索的国家依然寥寥无几，只有英国、美国、俄罗斯和中国等少数国家。

（1）作用。舰载机的着陆与普通飞机不同，由于航空母舰上的空间有限，它是通过拦阻索直接将飞机拉停，而不是滑跑减速。所以对于拦阻系统有一定要求，拦阻索要能承受飞机着舰的巨大冲击，而且拦阻系统还要将这个冲击的动能转化为液压油的热能和压缩空气的势能，使得飞机得到缓冲并成功停车。

早在螺旋桨飞机和直通式甲板航母时代，飞机着舰必须在飞行甲板 2/3 处停住，否则就会冲入前方停机区。为了确保飞机降落的安全，当时在直通式甲板航母上，一般都配置十多道拦阻绳和三至五道防冲网。

（2）与拦阻索有关的事故。2016 年年底，在地中海执行作战任务的俄罗斯“库兹涅佐夫海军元帅”号航母发生事故，一架苏-33舰载机着舰时尾钩勾住拦阻索，但拦阻索意外断裂，导致飞机坠毁，飞行员弹射逃生。为此，部分舰载机不得不转场至陆地机场，航母也靠泊叙利亚港口。由此可见，在航母的各大组成部分中，拦阻系统虽不起眼，却是舰载机成功着舰的关键，它直接决定着舰载机能否安全“回家”。

作为航母“拳头”的舰载机，能否从航母上顺利起降是航母技术的关键。与起飞相比，高速飞行的舰载机在摇摆起伏不定的航母上降落的难度不言而喻，这除要求飞行员具备高超的技术和出色的心理素养外，还离不开可靠的飞机拦阻装置，以帮助舰载机在长度有限的甲板上迅速减速和停止。

（3）发展历程。截至目前，人类已经先后研发了重力、制动、液压、液压缓冲、涡轮电力等多种类型的拦阻装置。航母最早使用的是重力式拦阻装置，它的结构非常简单，实际就是两端系上沉重沙袋的粗麻绳，使用时把绳子拉紧横向布置在舰载机准备降落的甲板上。舰载机降落时，机身下面的尾钩钩住一根拦阻索，沉重的沙袋与甲板产生的摩擦力使飞机减速。为了提升拦阻效果和成功率，早期航母通常布置十几根甚至二十多根拦阻

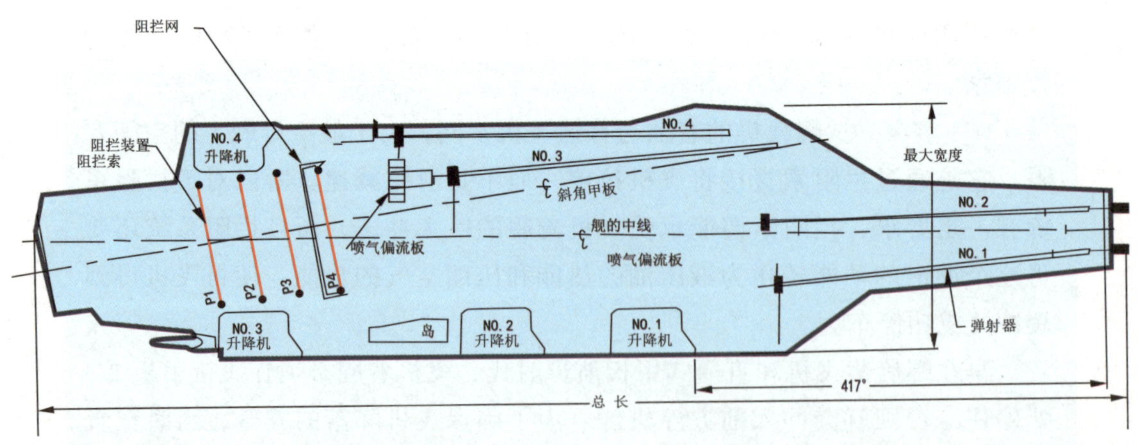

◎ 航空母舰甲板平面图（红色为拦阻索）

◎ 航空母舰上的拦阻索

索。重力式拦阻装置虽然方便，但拦阻能量较低，在螺旋桨舰载机时代尚能发挥作用，而进入喷气式战机时代后使用效果就很差。不过，这种横跨甲板布置拦阻索的方式和拦阻原理一直沿用至今，成为各国航母拦阻装置的标准配置。

（4）拦阻网。与拦阻索相伴而生的还有拦阻网。1926 年，美国海军格利上尉驾机在“兰利”号航母降落时，尾钩没有钩住拦阻索，飞机径直撞向了停在甲板上的机群，12 架飞机受损。事故发生后，舰长决定用木架和缆绳在飞行甲板前架起一道网，用于拦阻降落失败的飞机，这就是拦阻网的由来。此后，由拦阻索和拦阻网组成的双重拦阻系统逐步成型。现代航母配备的拦阻网一般由高强度尼龙材料制成，用于在舰载机尾钩、起落架出现故障，以及飞行员受伤、燃油耗尽等情况下，应急回收舰载机。与可以重复使用的拦阻索不同，拦阻网使用一次后必须更换。

（5）位置设定。以美国大型航母为例，一般设有 4 道拦阻索，第 1 道设在距斜甲板尾端 55 米处，然后每隔 14 米设 道，由弓形弹簧张起，高出飞行甲板 30 ~ 50 厘米。舰载机着舰时，飞机尾钩钩住甲板上间隔布置

◎ “尼米兹”级航空母舰上的拦阻网

多根中的一根拦阻索，随后在惯性作用下拖着拦阻索前行。这时甲板下的滑轮与液压阻尼缓冲器的缓冲吸能使舰载机在 2 ~ 3 秒内减速为零。飞机停止后，拦阻索解脱下落，自动复位，以迎接下一架舰载机着舰。

（6）结构。由于要承受舰载机的巨大冲击力、甲板的摩擦力，以及各种化学物品和海水的腐蚀，拦阻索不仅要有很高的强度，还需保持很好的柔韧性和耐腐蚀性，因此对索体材料和编织工艺要求极高。美军航母的拦阻索直径约 35 毫米，由 6 股钢丝绳组成，每股由 12 根主钢丝和 12 根辅钢丝紧密缠绕，最大可承受约 85 万牛顿的拉力。可以说，拦阻索是不折不扣的高科技产品。前述俄罗斯航母拦阻索发生故障，除技术水平和本身质量可能存在问题外，维护保养不到位恐怕也是一个重要原因。

美国海军目前的 MK7 系列拦阻系统经过数十年的发展和改进，已经非常成熟。不过，该系统依然存在很多短板，难以满足美军最新一代航母和 F–35 舰载机的需求。首先，这套系统结构复杂，占用空间比较大，日常维护保养困难，需耗费大量人力、物力和财力，这与美国新型航母削减人员编制、提升自动化水平和效费比的要求背道而驰；其次，这套系统的拦阻力量比较粗放，不能精确控制，巨大的拉拽力容易导致舰载机的尾钩以及与尾钩相连的机体部件疲劳老化，缩短舰载机的服役寿命。最为关键的是，这套系统对着舰载机的质量和速度的限制区间比较窄，导致舰载机必须放掉多余的燃油，抛掉弹药，“瘦身”后才能安全降落，显然这会造成很大的浪费。

（7）先进技术。为了优化拦阻效能，美国海军曾于 2003 年委托诺斯罗普・格鲁曼和通用原子公司分别研制更为先进的着舰拦阻系统。经过竞争和评估，通用原子公司的涡轮电力拦阻方案胜出。与 MK7 型拦阻装置相比，涡轮电力拦阻系统的体积更加紧凑，智能化、自动化水平更高，具有明显优势：①它通过采用更轻的合成电缆系统和电机，扩大了舰载机的着舰质量和着舰速度的范围，可以满足质量更大、速度更快的新一代舰载机着舰需求。②这个系统可以根据舰载机的不同，自动设定拦阻索的张力峰值，精确控制舰载机尾钩负载及舰载机在甲板上的停留位置，实现精确控制，既有助于延长舰载机的使用寿命，也可以回收无人机。此外，涡轮电力拦阻系统还具备自我诊断和维护方案的提醒功能，内置程序能自动跟踪拦阻索磨损情况，帮助舰员及时发现和修复系统故障，显著提升拦阻装置的可靠性，并且仅需要 4 名操控员即可完成回收作业，减少了操作和维护人员，有效降低了系统的全寿期费用。目前这套先进拦阻系统已经在“福特”号航母上使用，美国海军下一步还将为其他新服役的航母换装涡轮电力拦阻系统。

5. 光学助降系统

光学助降系统是继蒸汽弹射器、斜角飞行甲板之后，现代航母的三大技术中最杰出的发明。光学助降系统的出现，摆脱了单纯依靠飞行员或着舰指挥官（LSO）的目视观察与个人经验引导飞机着舰的传统，让飞行员有了可靠的降落参照指示体系，是航母舰载机降落引导技术的革命性进步。

古德哈特凭借着细致的观察力和奇特的想象力，发明反射镜式着舰辅助系统。一天，他看到女秘书对着镜子涂口红，顿时灵感大发。他将口红涂在镜面上，又把镜子放在办公桌中央，然后看着镜子上的口红标记，练习用下颚接触桌面，他成功了。利用助降镜引降喷气式飞机的办法由此诞生，这就是反射镜式着舰辅助系统。这项发明意义深远，为此，美国海军向古德哈特中校颁发了军团功绩勋章。美国率先在“富兰克林”号航母上正式安装了这套系统；此后，随着系统的不断更新、改进，它成为现代航母上的标配。20 世纪 60 年代，英国又发明了更先进的“菲涅尔”透镜光学助降系统，它在原理上与助降镜相似，也是在空中提供一个光的下滑坡面，但由此提供的信号更利于飞行员判断方位，修正误差。

随着计算机技术进一步发展，使得舰载机降落有了更为先进的全天候、全自动助降系统。该系统常常被安装于舰岛的上后部，为一部高精度引导雷达，主要负责测出飞机降落时的实际位置和运动参数、航母飞行甲板的运动参数并汇入计算机，计算出准确引降数据，由无线传输系统发射到要着舰的飞机上；着舰飞机上的接收装置收到信号后，自动驾驶仪会自动修正误差，操纵飞机准确降落。这种系统在云层低、能见度为零的情况下，能引降 3 ～ 4 海里范围内的飞机。它还配有助降电视，引降员可以坐在荧光屏前，监视飞行甲板上的降落情况，飞机降落的间隔时间为 30 秒。

◎ 光学助降系统

◎ 舰载机着舰示意图

6. 甲板上的“七彩虹”

通常，一艘大中型航母飞行甲板上的作业人员多达成百上千人，分别穿着五颜六色的衣服，这无疑成为航母上一道亮丽的“七彩虹”！

航母上作业人员的主要工作是保障飞机在甲板上顺利起降，他们需要付出很大的努力；不仅工作条件比较艰苦，而且还要冒着极大的风险，经常在喷气式发动机巨大的噪声、猛烈的海风，以及高温、雨雪等恶劣条件下执行战斗保障任务。此外，还有被飞机起飞时的喷气气流抛入海中或吸入进气口的危险。其中，起飞弹射器指挥官（“射手”）的任务最艰巨，其经典手势就是“射手”动作。首先，让我们具体看看这些人员的“七彩”服饰。

以美国航母为例，按照司职分为七类，其中每类都着有色运动衫（或显眼的外套），故被形象地称为“七彩虹”。

VX-23
JSF
VX-23
JSF

“七彩虹”工作人员正在甲板上检查

航空母舰甲板作业人员着装司职分类表

着装颜色	职责
黄	指挥类战位，控制飞机起飞
绿	起降和飞机维修战位，负责飞机起飞前的安全检查
红	危险和安全管控，负责极具危险的工作如装卸弹药等
棕	战机服务保障人员，负责飞机器材检查
白	飞机降落指挥官（负责与飞行员联系）、液氧员、安全员、医务人员（红“+”）和临时上舰人员
紫	燃油补给战位，负责给舰载机加油
蓝	吊运和供气保障战位，负责飞机装卸、牵引车驾驶等任务

7. 甲板人员的手势

甲板人员的手势，是甲板人员工作的对接信号，是下达指令、交流信息、完成作业的重要行为方式和约定俗成的基本动作。

1922 年，美国海军历史上的第一艘航空母舰“兰利”号正式服役。当时，“兰利”号上的一位军官名叫肯尼思·惠廷，为评估飞机降落技术，他每次都用照相机记录下飞机降落的过程。而在没有任务时，他就在甲板尾部角落位置用各种姿势观察飞机降落。而正是他这些独特的姿势，让飞行员在触底降落时一目了然。后来，飞行员发现肯尼思·惠廷的身体语言对着舰的起降很有帮助，于是建议负责降落的甲板工作人员学习这些姿势，从此一套完整的舰载机起降协调手势动作出炉。“二战”爆发前，肯尼思·惠廷的手势动作已被广泛使用，并逐渐成为今天看到的这套动作手势。

（1）“射手”手势。为了保障战机顺利起飞，航母上起飞弹射器指挥官（“射手”）的任务最艰巨，责任最重大。他要负责监督完成战机起飞前的所有准备工作，之后与机组人员互致军人的祝福，还要在飞机起飞前再次检查飞机和弹射轨道，再次确认飞机已准确引导在弹射轨道中轴线上，机上固定锚锚链和固定制止器固定正确，蒸汽弹射器的压力符合飞机起飞质量，襟翼调整到了必需的角度，弹射轨道上没有障碍，蒸汽导流槽已升起。

◎ 美国航母“射手”手势

然后，“射手”开始采取一种简短的、独特的姿势下达起飞命令：侧屈腿，食指和中指指向飞机起飞方向，其余手指握拳，脸背对起飞方向。这是美军航母上最典型的特定手势，任何人都不会混淆。弹射器操纵员在接到这一手语指令后，按下发射按钮，蒸汽式弹射器能在 2 秒之内，使质量达 30 多吨的现代化舰载机以 260 ~ 300 米 / 秒的速度，飞离弹射轨道，起飞升空。

2012 年 12 月 24 日，我国辽宁舰顺利完成歼 –15 舰载机起降训练，网上顿时一片欢腾。画面中，起飞指挥员指挥歼 –15 起飞时的帅气动作，被称为“航母 style”。网友纷纷自拍上传自己的“航母 style”照片，来表达对中国航母实现舰载机起降的欣喜之情。

（2）其他部分工作人员手势（以美国为例）

降低弹射杆

抬起弹射杆

松开刹车

往回拉

在弹射器上拉紧飞机

全部准备就绪

我已准备好弹射

放下机尾钩

收起机尾钩

8. 降落引导着舰

引导舰载战斗机在运动的航母上降落着舰，是一项风险系数极高、难度极大的工作，一向被喻为“刀尖上的舞蹈”。这个“刀尖”既是对飞行员技术的考验，同样也是对引导着舰人员的考验；操作不当，就会给航母本体、战机带来巨大的损失，甚至造成机毁人亡。据统计，从 1949 年美国海军开始在大中型战舰上大规模部署飞机到 1988 年，美国海军和海军陆战队损失了近 12000 架飞机和 8000 多名飞行员。

因此，舰载机降落引导着舰是航空母舰运作的关键。从早期简易的无线电测向导航设备及简易光学助降系统，到如今的各型无线电导航设备和空管雷达乃至精密进场雷达，舰载机引导着舰系统始终被摆在航母成熟标志的首位。

（1）舰载机的引导着舰流程。按由远到近一般分为归航、待机、进场等阶段。①归航是指舰载机完成任务返回航母的状态，此时一般先由航母和舰载机之间作用距离最远的无线电导航系统负责；②待机是指在舰载机

◎ 航母工作人员引导舰载机着舰

◎ 航母工作人员引导舰载机着舰

◎ 航母工作人员引导舰载机着舰

通过归航路线，接近母舰到舰载空中管制雷达有效作用距离内时的阶段；③进场是指在飞行员取得着舰许可后，脱离待机航线进入进场流程的阶段统称。

（2）引导步骤。事实表明，引导着舰风险极高，必须做到细之又细。具体来说，引导着舰有以下几个步骤：

接力引导。为保证舰载机正确返航和着舰，现代航母都配备有战术空中导航系统、空中交通管制系统和着舰引导系统。这是一场接力导航：当距离航母300千米时，归航舰载机由战术空中导航系统指挥引导；距离100千米时，由空管雷达接手；距离30千米时，再次由战术空中导航系统引导；距离10千米时，自动着舰系统开始引导；距离3千米时，进入舰上光学助降系统工作区域，最后据此系统着舰。

等待航线。这是一个直径约为5海里的逆时针圆形航线。不同的飞机等待高度不同，最低的等待高度大约在600米。舰载机每次经过航母上空的时候与着舰指挥官联系，以便获得着舰许可。考虑到有些飞机燃料不足，所以在高空还可能会安排空中加油。

着舰航线。在接到着舰命令后，舰载机在距离母舰10千米左右的地方脱离等待航线，高度下降到300米左右，在航母后方5千米处进入着舰航线。此时，舰载机要关闭武器系统，确认飞机的质量符合航母着舰的标准，然

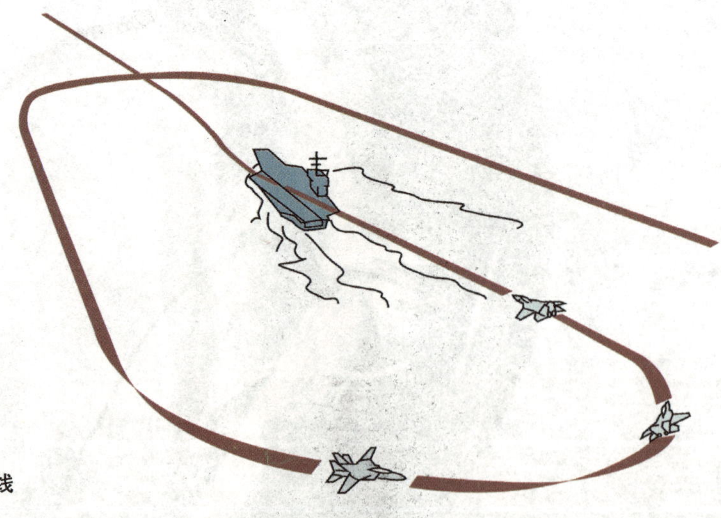

◎ 舰载机着舰航线

◎ 引导员正在引导舰载机着舰

后打开减速板、放下拦阻钩及起落架等；接着在航母左侧再次转弯，到达着舰中心延长线的后方，进入光学助降系统的工作范围，然后开始下滑降落。

“菲涅耳”透镜。除阻拦索装置外，处于飞行甲板中部外侧的“菲涅耳”透镜等特种装备，也在着舰过程中起到重要作用。这是一组呈十字架状的灯光组，在飞机进行着舰时，这套灯光组会释放出黄色、红色和橙色由三种不同色彩光组成的下滑坡面，并以这三种光来界定高低位置。黄色光是高的下滑坡面，红色光是低的下滑坡面，橙色光是正确的下滑坡面。飞行员根据光所标定的位置在橙色光区域内下滑，就可以正确安全地着舰。飞行员如果飞得太高或太低，所能看到的只是黄色光或红色光。

对中。战机能否稳定操控，准确对正跑道降落，是任务成败的关键。所谓对中，就是舰载飞机在着舰过程中，一定要尽量对准甲板跑道的正中轴线，否则就可能撞上甲板上的其他建筑或停在跑道旁的其他飞机。航母的降落甲板均设计在靠左舷一侧，与航母轴线形成一个向外的夹角。在舰载机下滑接近舰尾的过程中，由于航母不断地向前行进，造成待降的甲板跑道随着航母运动不断向右前方平移。所以，飞行员在初次对中成功后，还要在下滑过程中根据跑道的平移情况，不断向右修正航向，始终对准跑道中线，直到舰载机安全降落在甲板上。

◎ 舰载机着舰对中

当然，所有的步骤都离不开着舰指挥官的组织、协调。作为整个引导着舰的关键人物，他的职责是向舰载机飞行员发出操纵指令、引导下滑跑道上的飞机安全着舰。可以说，着舰指挥是航母舰载机部队的灵魂，舰载机飞行员必须无条件信任并服从其指挥。

在美、俄、英、法等航母拥有国中，着舰指挥官往往都是从成熟的舰载战斗机飞行员中产生的。其飞行技术不仅令其他舰载机飞行员钦佩，而且其优秀的指挥组织能力也令人信服。与此同时，着舰指挥官自身还必须对飞机的状态和性能、飞行员的技术特点和性格有一个全面的了解，这样才能在实际指挥和引导舰载机着舰过程中尽职守则，圆满地完成任务。

第3章

经典航空母舰大盘点

一、美国“尼米兹”级航母

1. 出师不利的“尼米兹”号

在一个月黑风高的夜晚，漆黑的夜幕像一口大黑锅完全罩住了一切！这一天正是1980年4月24日，晚10时许，美国海军刚服役不到5年的“尼米兹”号核动力航空母舰，悄无声息地停泊在伊朗附近平静的海面上，正在执行一次营救任务。

突然，航母飞行甲板上的大照明灯突然全部放亮了，只见16名飞行员和180名突击队员分别加速奔向早已检修完毕的8架直升机。随着舰桥上的航空指挥员的命令声刚落，一阵阵直升机发动机的启动轰鸣声此起彼伏、不绝于耳。很快，闪烁着红色安全灯的直升机一架一架地升入黑洞洞的夜空。

此时红海狭长海域的上空，也隐隐传来大型运输机的空中航音，准时从埃及起飞的美军6架运输机，取道沙特阿拉伯、阿曼，加速飞向伊朗境内的会合地点。

8架直升机彼此间保持着距离，在离海面2000米高度疾驰飞行。飞着飞着，带队长机飞行员突然感到飞行阻力明显加大，发动机的声音顿时也变得沉重。最初，他以为出了机械故障，经仔细查寻，并没有发现异常。他又侧耳倾听了一下舱外，隐隐地感觉到有沙尘打击着风挡玻璃。他立即关闭了舱内的小照明灯，猛地打开了悬挂在舱外的着陆灯。果然不出所料，遇到了沙暴，沙尘滚滚如同一道无法突破的屏障，于是，他不得不关闭了着陆灯，通知助手严密注意飞行状况。

知识链接

尼米兹

切斯特·威廉·尼米兹（Chester William Nimitz, 1885年2月24日—1966年2月20日），美国海军五星上将。

尼米兹于第二次世界大战太平洋战争期间担任美国太平洋舰队总司令，指挥了珊瑚海海战、中途岛海战等著名战役，人称“海王”。1945年9月2日代表美国在日本投降书上签字。后任海军作战部长。

刚接到长机的通报，紧跟在长机身后的一架僚机直升机就发生了机械故障。他立即用预先规定的暗号通知了带队长机，接着迅速转弯退出编队，返航飞回“尼米兹”号航母。虽然只是一架直升机的返航，但却给整个直升机编队的其他飞行员带来了相当严重的不良心理影响。

常言道：“福无双至，祸不单行！”当直升机编队到达伊朗海岸上空时，又有一架直升机退出了编队，急匆匆地向地面降去；没过多久，紧随在它身后的另一架直升机，也盘旋降落到地面上。原来，前边那架直升机机舱内一个很重要的装备突然失灵，无法继续飞行，只好在伊朗境内迫降。机上人员当机立断，放弃这架直升机，登上另一架直升机继续飞向目的地。

此时，出动的直升机编队只剩下 6 架了！这是预定完成此项任务所必需的最低极限的直升机数量。剩下的 6 架直升机继续艰难地在风暴中飞行，终于抵达“沙漠 1 号”地区，与 C–130 大型运输机准时会合。带队长机飞行员第一个跳出刚刚着陆的直升机，心里稍松了一口气。接着，他们把加油软管从 C–130 运输机里拉了出来，分别插入 6 架直升机的油箱，一箱箱营救行动所需物品、突袭人员在德黑兰市郊潜伏时使用的各种给养品也被送上直升机。

不过，此刻正在五角大楼秘密指挥室里坐镇指挥的琼斯将军，对完成这一行动依然显得充满信心，他只希望在这最后的环节上不要功亏一篑。此时，率队执行任务的突击队指挥官查尔斯·贝克威斯上校，同琼斯的心情完全一样，但他毕竟身处一线，所以他比坐镇万里之外的琼斯将军多了一层说不清楚的忧虑。

倒霉的事终于发生了！机械师迎面向贝克威斯上校跑来报告，“03 号

由于他战功彪炳，对美国海军有巨大贡献，美国海军将尼米兹去世后建造的第一艘，也是当时最新锐的核动力航空母舰命名为“尼米兹”号航空母舰。尼米兹著有《大海战——第二次世界大战海战史》。

1947年12月，海军作战部长尼米兹向海军部长写过一份重要的报告，特别强调“海军的母舰航空兵在利用机动原则和集中原则方面的能力，已达到了其他兵力从未达到过的程度”。

直升机液压系统失灵！”机械师的声音有些颤抖。贝克威斯脑袋里“轰”的一下，完全失去了冷静。他知道，直升机失去了液压系统简直就成了一堆废铁。更为严重的是，现在只剩下 5 架直升机了，按照原定计划，剩下 5 架飞机是不能完成这次营救任务的。这个不利的消息，通过运输机上的通信设备立即传到了华盛顿。卡特总统接到报告后，当即决定取消营救行动，命令所有的直升机和人员迅速撤离伊朗。

正在待命的突袭队员已经在寒冷的春夜里滞留了 3 个小时，接到撤退的命令以后，简易机场上又重新忙乱起来，但气氛却与先前大为不同。经过一阵紧张、慌乱的搬运，人员和武器等已全部登上运输机，迅速返抵“尼米兹”号航空母舰。突击队在撤离“沙漠 1 号”的时候，除放弃 4 架完好的直升机外，还把有关这次行动的绝密地图、侦察照片、无线电通信呼号和频率表都丢在现场。在撤出伊朗的途中，贝克威斯上校曾向华盛顿请求，派舰载机摧毁遗留下的直升机和绝密文件，但是，华盛顿唯恐事态扩大而

◎ 舰载机正在“尼米兹”号航母降落

拒绝了他的要求。

当天下午 6 时 21 分，突击队又传来运输机和直升机相撞的消息。

白宫的官员们对此都感到不胜惊愕。25 日下午 1 时，美国政府第一次向新闻界公布了在伊朗进行了一次营救作战的消息，并且宣告作战行动失败。一厢情愿的营救人质行动以"得不偿失"的结果而告终，不仅卡特总统感到不快，而且遭到世界许多国家的谴责。

在这次行动中，"尼米兹"号核动力航母及其舰载机大栽跟头、令人大跌眼镜。但该航母卓越的战技术性能，以及强大的战略威慑力和有效的攻防能力，特别是其后该级多艘航母不俗的表现，使得美国海军仍把"尼米兹"级核动力航母作为美国海军武器装备及大中型战舰的重中之重，而加以优先发展、大力发展。

2. 尼米兹级，个个功能超强

美国海军从 1975 年 5 月到 2008 年 4 月，曾接连服役了 10 艘尼米兹级核动力航母，平均每隔 3 ~ 4 年，最多 5 年时间，就能下水服役 1 艘该级航空母舰。

如今，作为美国海军中装备数量最多、功能最全的一级航空母舰，"尼米兹"级核动力航母已奠定了其在美国海军中的核心地位，是美国称霸全球的最重要的工具。每当世界上任何地区或海域发生局部战争和武装冲突时，时任美国总统最先问的一句话就是："我们的核动力航母在哪里？"可以毫不夸张地说，"尼米兹"级核动力航母既是当今世界上排水量最大、载机最多的航母，也是现代化程度最高的航空母舰，堪称一座巨型浮动的海上机场，超大规模的海上基地。

那么，"尼米兹"级航母块头究竟有多大，威力有多惊人？下面，就让我们走进这个神秘而巨硕的海上大世界。

（1）结构。先看该舰飞行甲板面积，比 3 个标准足球场面积还要大；从舰的龙骨到桅顶的舰体高达 26 层楼高。该级舰装有 2 个大铁锚，每个锚质量 30 吨，每条锚链质量 163.3 千克。舰尾后下方还装设 4 个 5 叶螺旋桨，每个螺旋桨直径为 6.4 米，重达 30 吨；其后还有 2 个舵，每个舵质量 65.5 吨。

◎ 美国“尼米兹”级“尼米兹”号核动力航空母舰

“尼米兹”级航母上的生活设施

1 2
3 4

◎ 邮电所（图1）
◎ 理发店（图2）
◎ 百货商店（图3）
◎ 礼拜堂（图4）
◎ 广播站（图5）

5

全舰共有舱室 3360 间，舰上仅照明灯就有 29184 盏。舰上还设有广播站、电影厅、礼拜堂、邮电所、百货商店、服装店、理发店、冷饮店、洗衣房，是一座地地道道的海上中小型城市。

（2）武器装备。一旦投入战斗，在开战首日上半天，该航母舰载机即可出动 120 架次，并可在开战前四天保持每日 230 架次的出勤率；其舰载机可控制近到 600 千米，远到 1000 千米距离范围内的海域和空域。实际上，该航母仅需 20 分钟即可完成全部 40 余架舰载战斗机的弹射作业。1997 年，“尼米兹”号航母曾在一次演习中创造了 4 天内出动 771 架次、平均每日出动 193 架次的成绩。时至今日，“尼米兹”级核动力航母依然保持平均

◎“尼米兹”级航母上的“海麻雀”导弹发射装置

◎“尼米兹”级航母上的弹药库

每日出动100～140架次的空中兵力，这相当于许多中小型国家空军飞机每日全部出动架次。

与美国先前的航母相比，“尼米兹”级航母由于采用核动力装置，所以舰上的弹药装载量要高出前者2～3倍，最大可达3000吨。一个“尼米兹”号航母战斗群的作战能力，超过了1944年美军参加菲律宾海战的整个第58特混舰队的能力（后者包括各类航母15艘和舰载机965架）。

（3）防护能力。“尼米兹”级航母防护能力也很强，舰上的自身防卫体系包括火炮、“海麻雀”导弹发射装置、电子对抗系统及多种防御保障装甲等。该级舰采用了封闭式飞行甲板，机库以下的舰体为整体密封结构，抗沉性极好；同时还装备了抗击导弹攻击的弹库保护体系：舰体和甲板采用高弹性钢，可抵御半穿甲弹的攻击，两舷设有隔舱系统，弹药库和机舱装有63.5毫米厚的“凯夫拉”装甲。

该舰沿舰体纵向每隔12～13米便设一道水密横隔壁，共23道，并设有10道防火隔壁，从而形成了2000多个水密隔舱；这2000多个水密隔舱也保

◎“尼米兹”号航母的升降机开口外侧

◎“尼米兹”号航母的升降机开口内侧

证了舰的不沉性。舰上设有30个损管队，每个队都设有泡沫消防装置。此外，飞行甲板上的各升降机开口都设有可防止核辐射、生物和化学污染侵入的密封门。

（4）动力系统。“尼米兹”级航母的“心脏”功能也强劲无比。首制舰设计初期，曾计划使用4座功率各4.5万～5万马力的A3 W反应堆，后经过多方论证，选择2座功率各13万马力的A4W反应堆，总功率达到26万马力，稍低于“企业”号和“小鹰”级航母的28万马力。改进后的A4W反应堆使得性能进一步提高，堆芯寿命延长至13～15年；更换一次燃料可航行80万～100万海里，可在海上停留数月而不需补给航行燃料。此外，该级舰还装载有航空油料1万吨。

事实上，该级航母的船型比“企业”号航母的船型稍宽，导致阻力有所增加，使得该级航母最高航速降低不少，不仅低于“企业”号核动力航母（35节），甚至低于采用传统动力的“小鹰”级“福莱斯特”级航

◎“尼米兹”级“罗斯福”号航母正在补给航空油料

◎ 美国“尼米兹”级核动力航母上使用的蒸汽弹射器

母（约33节），是“二战”以后美国海军建造的航速最慢的航母。不过，由于舰上的C–13–1蒸汽弹射器功率强劲，使得对于利用航母全速航行来制造甲板风的要求也明显降低，因此30节左右的航速完全能够满足起飞舰载机的需求。由此看来，“尼米兹”级航母尽管牺牲了部分航速，却并没有使航空作业能力有所下降。

还有一点许多人不知道，“尼米兹”号航母装备有8台8000千瓦汽轮发电机，其所提供的电力足可供10万人的城市使用。该舰还备有供近6000名官兵消耗90天的食品和生活必需品；舰上的4台海水淡化装置每天能为全舰

美国“尼米兹”级航空母舰性能参数

基本参数	
舰长	332.9米
舰宽	40.8米（船体） 76.8米（飞行甲板）
吃水深度	11.3米
标准排水量	72916 ~ 73973吨
满载排水量	91487吨（CVN-68—70） 96386吨（CVN-71） 102000吨（CVN-72—77）
飞行甲板	长332.9米，宽76.8米
机库面积	6868平方米（高8米）
舰员编制	3200名（船员）+2480名（航空联队）
参考性能	
最大航速	30节+
续航力	100万海里+
动力装置	
主机	核动力，2×西屋/通用电气A4W/AIG压水反应堆，4×蒸汽轮机
传动	四轴双主舵

续表

武器系统	
舰载机	F-14A/B/D 战斗机 ×20 ~ 40（退役） F/A-18A/C/E/F 战斗机 ×44 ~ 48（现役） A-6E 攻击机 ×16（退役） S-3A/B 反潜机 ×8（退役） E-2C 空中预警机 ×4 SH-60F 和 HH-60H 直升机 ×6
导弹	2×MK-29　八联装“北约海麻雀”航空导弹发射装置 2×MK-49“拉姆”航空导弹系统
其他	2×MK-15“密集阵”近程防御武器系统

提供 181 万升的淡水。应该说在这样的航母上生活条件能得到充分保障，且比较舒适。

二、巴西“圣保罗”号航母

在南美洲的大西洋沿岸，有一个国土面积（850 多万平方千米）排世界第五的国家——巴西。这个南美首屈一指的大国海军曾有一艘名叫“圣保罗”号的航空母舰。

1. 购自法国的“二手舰”

如果仅看名字，似乎是一艘地地道道的巴西国产航母。其实，这艘航空母舰原为法国海军“克莱蒙梭”级航空母舰的二号舰“福煦”号；入役后就成为巴西海军的第二艘航空母舰，也是中小国家历史上服役的第一艘中型航母。

可以说，“圣保罗”号是全功能、多用途攻击型航空母舰，具有较强的制空、制海和反潜作战能力。它的主要任务是：对海上和陆地目标实施打击，攻击敌陆上军事、工业目标，并与敌飞机作战，攻击敌水面战舰，保护和控制海上交通要道等。

巴西早于2000年即向法国购买了这艘退役的航母。当时，由于法国在建造“戴高乐”号航母，导致经济上的困难；再加上“克莱蒙梭”级、“福煦”号航母服役时间已接近寿命期，性能早已过时，于是法国海军决定放弃对该舰的改造计划，将其转入预备役，并准备出售。恰好此时，巴西正筹划替代原有舰龄达55年、过于老旧的“米拉斯·吉拉斯”号航母（A11），随后便以1200万美元的廉价购进该舰。“米拉斯·吉拉斯”号航空母舰原为英国皇家海军于1945年1月服役的老舰——“巨人”级“复仇”号，之后又在澳大利亚海军服役；1960年12月，这艘“三手”老航母正式加入

◎ 巴西“圣保罗”号航空母舰

巴西海军序列。

“福煦”号于 2000 年 11 月 15 日正式移交巴西海军，被命名为“圣保罗”号，舷号 A–12；交接仪式完成后，法国舰艇建造局根据巴西海军的要求重新进行改装翻修，前后用了两个半月。到了翌年 2 月 1 日这天，“圣保罗”号缓缓驶离法国的布雷斯特港，半个月后最终抵达里约热内卢的巴西海军基地；这年 4 月，“圣保罗”号正式进入巴西海军服役。

平心而论，“圣保罗”号基础条件还不错！它的前身“克莱蒙梭”级航空母舰采用传统式设计，基本构型在很大程度上参考了“二战”后经过现代化改装的美国“埃塞克斯”级航空母舰的设计构型，其舰长 265 米、舰宽 51.2 米、吃水 8.6 米，满载排水量 3.28 万吨，还难以跻身中型航母序列。该航母从最底部的龙骨到舰桥顶端高达 51.2 米，共分为 15 层甲板。

该舰舰岛位于舰体右舷，并与烟囱整合为一，舰桥主要由三部分组成，即司令舰桥、航行舰桥、飞行（航空）舰桥。飞行甲板由直通式甲板及斜角式甲板两部分组成，直通式飞行甲板长 90 米，设有一部 BS–5 蒸汽弹射器，可供飞机弹射起飞；斜角式飞行甲板与舰体轴线的夹角为 8 °；斜角式甲板长 163 米，宽 30 米，也设有一部 BS–5 蒸汽弹射器，以及 4 道拦阻索，既可供飞机起飞，又可供飞机降落。在右舷上层建筑前后各有一部 16 米 ×12 米的升降机，机库为单层装甲机库，长 180 米，宽 24 米，高 7 米，总面积 4320 平方米；舰的后端还配备有法国自行设计的镜面辅助降落装置。

2. “庙小菩萨多”

“圣保罗”号航母的吨位虽仅为 3 万余吨，但却可以搭载各型舰载机 40 余架，可谓“庙小菩萨多”。法国海军根据自己的作战需求，通常搭载的舰载机包括：1 个中队 8 ~ 10 架美国 F–8E（FN）“十字军战士”战斗机，2 个中队 15 ~ 20 架“超级军旗”攻击机，4 架“军旗”Ⅳ P 侦察机，1 个中队 8 架“信风 / 贸易风”固定翼反潜机，以及 2 架“超黄蜂”直升机和 2 架“海豚”直升机。

在许多情况下，巴西海军会根据实际作战情况，调整航母舰载机搭载的数量和种类。例如，执行两栖作战任务时，一般会装载 30 ~ 40 架大型直

◎ S-70B“海鹰”反潜直升机

升机及 1 个齐装满员的陆战营；也可以混合装载 18 架大型直升机和 18 架攻击机。

巴西海军自购进这艘航母后，觉得必须对舰载机全面更新换代，才能满足现代海战的要求。于是从 2000 年起，巴西从科威特购买了 A–4KU 战斗机，并开始展开训练，仅在当年巴西海军就先后对该机进行了 500 架次舰上弹射作业，表现出了较高的可用性。巴西还对舰上的 A–4 攻击机进行

知识链接

火控雷达

通常指波长较短，精度很高，能够独立运转，为武器提供目标的方位坐标的雷达。火控雷达实际上是由火控系统和雷达组成的雷达控制系统，用于锁定目标，帮助导弹或其他武器向目标实施攻击。火控雷达的频率与其他雷达的频率不同，当飞机被这种雷达照射，并接收到这种雷达频率后，装有报警装置的飞机就会报警。

改装，安装了以色列“埃尔塔”2032 火控雷达，用来发射以色列“德比”中距空空导弹和“怪蛇”4 格斗导弹；还将 S–2T 反潜机改装，其中 3 架改装为空中预警机，2 架改装为加油机，以提升舰载航空联队的综合作战能力。舰上原本携带的 SH–3“海王”反潜直升机，也被从美国购买的 6 架 S–70B“海鹰”反潜直升机所取代。

3. 电子设备突出精良

“圣保罗”号航母有一个十分突出的特点，就是舰上装设有大量的电子设备：包括 1 部姆森 –CSF 型 D 波段 DRBV–23B 对空雷达，作用距离 201 千米；2 部 E/F 波段 DRBI–10 对海雷达，作用距离 256 千米；1 部 E/F 波段 DRBV–15 对海雷达，1 部 I 波段 1226“台卡”导航雷达，1 部 NRBA–51 助降雷达，2 部 I 波段的 DRBC–32B/C 火控雷达等。2 部 I 波段“响尾蛇”导弹制导雷达；I 波段 NRBA51 进场管制雷达。还装有中频、主动搜索的 SRN6“塔康”声呐和威斯汀豪斯 SQSS05 舰壳声呐，以及 2 号、14 号和 16 号数据链和 2 部光学瞄准具。全舰的电子打击、电子对抗和电子干扰能力比较强。

4. 精良的武器装备

法国海军历来对于航母的自身防御相当重视。“福煦”号航母建成时的舰载武器为：8 座 1953G 型 100 毫米自动两用炮，分别位于两舷；改装成“圣保罗”号航母时，用 2 座八联装“响尾蛇”防空导弹取代了其中 4 座；之后又加装了 2 座六联装“西北风”近程防空导弹系统。

核动力航空母舰

航母采用核动力的最大好处是提高续航能力。目前常规动力航母的续航能力一般为 1.5 万～2.7 万千米，而核动力航母可 50 倍于此，极大地增强了远洋作战和连续值勤的能力。继“企业”号之后，美国于 20 世纪 70 年代后又建造了 7 艘“尼米兹”级核动力航母。

“企业”号和“尼米兹”级航母的满载排水量均为 9 万余吨，可载机 90 架，后者外形稍大，续航能力为前者的 2 倍。

5. 打造庞大的航母编队

巴西海军自有这艘航母起，便专门为它打造了一支颇为庞大的航母编队：由航母领衔，外加 1 艘“基林”级驱逐舰、4 艘护卫舰，以及潜艇和保障船只等组成。

6. 事故接连不断

“圣保罗”号航母加入巴西海军服役后的前些年，还算消停，但从 2004 年起，该航母事故接连不断。

（1）动力系统爆炸。2004 年 5 月 17 日，舰上动力系统蒸汽管网发生爆炸，当场炸死 1 人，并烧伤 10 人；随即巴西海军决定对该舰进行大修和现代化改装。2005 年—2010 年，该舰先后安装了部分新型电子设备，并维修更换了舰上动力系统的许多老旧部件。然而，此后厄运还是接踵而至。

2010 年 8 月，巴西宣布“圣保罗”号重新具备完整的作战能力，并计划在 2013 年年底前重新服役。不过，还有意外。

（2）发生火灾。2012 年该舰发生大火，不得不继续进厂修理。2016 年该舰又发生一次大火。此后，巴西海军一度表示仍将对该舰进行全面修理，并更换全新的动力系统，以彻底排除隐患。

（3）弹射器受损。进入 2017 年，令人沮丧的消息更是不断：该舰的蒸汽弹射器可能也已经受损，没有了修复价值。2017 年 2 月 14 日，巴西海军正式对外宣布：“圣保罗”号改装维修计划全部取消，将在 3 年内出售拆解。至此，这艘于 1960 年下水，曾为法国东征西讨，也曾为巴西带来荣耀（2000 年—2003 年）的 57 岁老舰——“圣保罗”号终于结束了其余生。

巴西“圣保罗”号航空母舰性能参数

基本参数	
舰长	265 米
舰宽	51.2 米（含飞行甲板）
吃水深度	8.6 米
标准排水量	24200 ~ 27307 吨
满载排水量	32800 吨
飞行甲板	长 163 米，宽 30 米（着舰跑道）
机库面积	长 180 米，宽 24 米，高 7 米，总面积 4320 平方米
舰员编制	1920 名，其中 64 名军官和 1274 名水兵，582 名空勤人员
参考性能	
最大航速	32 节
续航力	7500 海里 /15 节
动力装置	
主机	2 组帕森斯齿轮传动蒸汽涡轮机，功率 126000 轴马力
传动	双轴双桨
武器系统	
舰载机	8~10 架美国的 F-8E（FN）“十字军战士”战斗机 15~20 架“超级军旗”攻击机， 4 架“军旗”Ⅳ P 侦察机 S-2T 反潜机、 3 架空中预警机、 2 架加油机 8 架“信风 / 贸易风”固定翼反潜机 2 架“超黄蜂”直升机和 2 架“海豚”直升机 6 架 S-70B“海鹰”反潜直升机
舰炮	8 座 Model 1953G 型 100 毫米自动两用炮
导弹	2 座八联装“响尾蛇”防空导弹 2 座六联装“西北风”近程防空导弹系统

三、意大利航母双杰

若论海军拥有航母的数量，今天的意大利海军尚有一对双杰：“加里波第”号和“加富尔”号。尽管它们个头和吨位不算大，但是后者的作战技术性能当下还算名列世界前茅。

1.“加里波第”号

（1）曾经的世界最小航母。老大“加里波第”号长得又瘦又小：舰长只有 180 米、舰宽 33.4 米（飞行甲板仅为 30.4 米），吃水 6.7 米，标准排水量刚过 1 万吨，而满载排水量也只有 1.385 万吨，这个吨位和排水量与当今的大型导弹驱逐舰也相差无几，只有美国超大型航母的约十分之一。

“加里波第”号曾经荣膺过“世界最小航母”（但如今这个世界最小航母称号，已属于泰国航母了）称号，问世于 20 世纪 70 年代中期。当时

◎意大利“加里波第”号与美国“杜鲁门”号航母编队

苏联海军加速崛起，大中型舰艇数量明显增加，海上舰队频频出现在黑海、地中海、大西洋等欧洲海域，意大利、法国等国普遍感受到了“北极熊”实实在在的威胁。

更令意大利感到恐惧的是，地中海沿岸导弹、舰艇的潜在威胁在不断增加，特别是高性能潜艇的水下活动也在显著增加。这些都使得意大利海军认定：需要大量的舰载直升机在舰队和护航船队活动海域内，建立和部署反潜或反导弹舰艇的搜索网，而且更需要有一种大型战舰，能搭载重型直升机迅速部署到有威胁的海域。

◎ 意大利民族英雄朱塞佩 · 加里波第

为了达此目的，意大利海军精心制定了一项《1975—1984 十年海军规划》。该规划首次提出建造一艘“载机巡洋舰”，公开宣布要能够搭载反潜直升机，重点是对付对方威胁日渐增长的苏联潜艇。

然而，很快不同的声音就出来了，意大利海军内部有不少人强烈要求该舰必须具备搭载 AV–8B“海鹞”短距起飞 / 垂直降落战斗机的能力，并主要用来执行反潜任务，同时要兼具防空作战能力；需要时，还应作为意大利海军的旗舰，能够担负指挥和控制任务。1977 年 11 月，意大利海军与意大利造船集团签订了一项设计直升机母舰项目的合同。这艘舰一开始被称为“直通甲板巡洋舰”，后又改称“直升机巡洋舰”，到了下水时又称为“航空护卫巡洋舰”。不过，意大利空军却竭力反对使用这个名字，并接连利用法律授予的权利，千方百计阻止海军拨款来购买短距 / 垂直起降飞机。

1981 年 3 月，一艘崭新的航母在意大利蒙法尔科内的船坞建造开工。该舰于 1983 年 6 月 11 日下水，1984 年 12 月开始海上试验。1985 年 9 月 30 日，这艘新航母作为意大利海军的旗舰加入现役，舷号 C551，用意大

◎“加里波第”号航母上搭载的直升机

利民族英雄朱塞佩·加里波第的名字来命名。

也许，中国人对“加里波第”这个名字并不陌生。他在我国清末民初年间，曾是中国知识分子们非常关注的一位外国人。戊戌变法失败后，梁启超写了《意大利建国三杰传》，详细讲述了加里波第、马志尼和加富尔三人的丰功伟绩；1902 年，梁启超写过的一个剧本《英雄情史》的主角，也是加里波第。

“二战”之后，尽管意大利海军积极筹建航母，但因意大利是“二战”战败国，战后诸多条约禁止意大利拥有航空母舰，所以“加里波第”号在服役初期，除了少数北约联合演习的场合，曾有英国皇家空军所属的“鹞”式战斗机起降过外，仅配有直升机，并被明确归类为航空巡洋舰。十分尴尬的是，直到 1986 年参加演习时，“加里波第”号依然只能搭载直升机。

知识链接

朱塞佩·加里波第

朱塞佩·加里波第（1807—1882）是意大利爱国军人。他献身于意大利统一运动，亲自领导了许多军事战役，是意大利建国三杰之一（另两位是撒丁王国的首相加富尔和创立青年意大利党的马志尼）。而由于在南美洲及欧洲对军事冒险的贡献，他也赢得了“两个世界的英雄”的美称。

加里波第将军是意大利历史上的一位传奇人物，为意大利的复兴和统一做出了卓越的贡献。他1897年生于渔民家庭，早年当过水手和船长；1834年在皮埃蒙特参加起

◎“加里波第”号航母甲板上加装12°滑跃角，以确保短距起飞/垂直降落战斗机更快速地升空

早在“二战”之前，意大利和当时的德国一样，曾做出一项规定：所有的固定翼飞机通通由空军来管理。这项规定一直延续下来，始终没有改变。“既然是议会决定的，那就由议会尽快改变决定吧。”意大利海军参谋长认为有必要把这项不符合时代潮流的规定交由议会重新审议并改变过来。

1987 年 1 月，经过多方周折和反复争论，意大利议会最终修改了这项“二战”前制定的关于固定翼飞机由空军一家独揽的规定，允许“加里波第”号航母搭载装有固定翼的“海鹞”AV–8B 战斗机，并交由意大利海军指挥。而实际上，早在 1986 年 11 月到 1987 年 3 月间，“加里波第”号航母就开始进行一系列改装，以便于能够搭载购买自英国的“海鹞”战斗机。

义后失败；1836—1848年流亡南美，曾参加巴西和乌拉圭等国的革命运动；1848年4月回国。他参加并指挥了许多重要战役，由于作战勇猛顽强，奋不顾身，曾被授予皮埃蒙特王国军队少将军衔。1860年率1000余名志愿人员占领西西里并控制了整个意大利南部。1861年意大利王国宣告成立，加里波第开始英名远扬。1862年和1867年他两度组织部队进攻教皇统治下的罗马，但均遭失败；后曾帮助法国进行普法战争并当选国民自卫军中央委员。加里波第在国家和军队大局已定后急流勇退，重新回到了自己最为渴望的普通人的生活之中。

（2）初出茅庐，身手不俗。“加里波第”号航母于 1987 年 8 月正式列入编制，并以塔兰托作为航母母港。1990 年，意大利海军订购了 12 架装有 APG–65 型雷达的“海鹞”式 AV–8B 战斗机。

“加里波第”号航空母舰采用传统舰面设计与建造，岛型上层建筑位于右舷，飞行甲板为连续直通甲板，与战舰等长，总面积 4150 平方米，相当于半个标准足球场面积大小，飞行甲板前端装有高 1.7 米、长 33 米，滑跃角为 6.5° 的滑橇式甲板，以确保舰载机能加速起飞，增大离舰的升力，需要时还可以加装 12° 滑跃角，确保短距起降 / 垂直降落战斗机更快速地升空。甲板上可停放 6 架“海鹞”式 AV–8B 战斗机或 6 架“海王”SH–D 直升机。此外，起降甲板上涂刷有特种耐热涂层，以确保上述飞机垂直起降。

机库设在飞行甲板下面，长 110 米，宽 15 米，高 6 米；最大高度 6.35 米，最低高度 5.9 米，总面积 1650 平方米，可停放 12 架“海鹞”式 AV–8B 战斗机或 12 架“海王”直升机。飞行甲板下方有 6 层甲板，上层建筑共 5 层，上层建筑内房间总面积约 700 平方米；上层建筑前部是航行驾驶台，后部是飞行控制中心，全舰设有 13 道水密舱。

“加里波第”号航空母舰在设计之初，主要任务是反潜作战。为了胜任这项任务，意大利海军为它配备了标准的载机方式：8 架“海鹞”式 AV–8B 战斗机和 8 架“海王”反潜直升机；一旦加大防空或反潜任务，也可增加到 16 架“海鹞”式 AV–8B 或 18 架“海王”直升机。1993 年，意大利海军专门为“加里波第”号航母进行了载机试验，先后分别配置 16 架“海

◎ “海鹞”式AV–8B战斗机

◎ “海鹞”式AV-8B战斗机

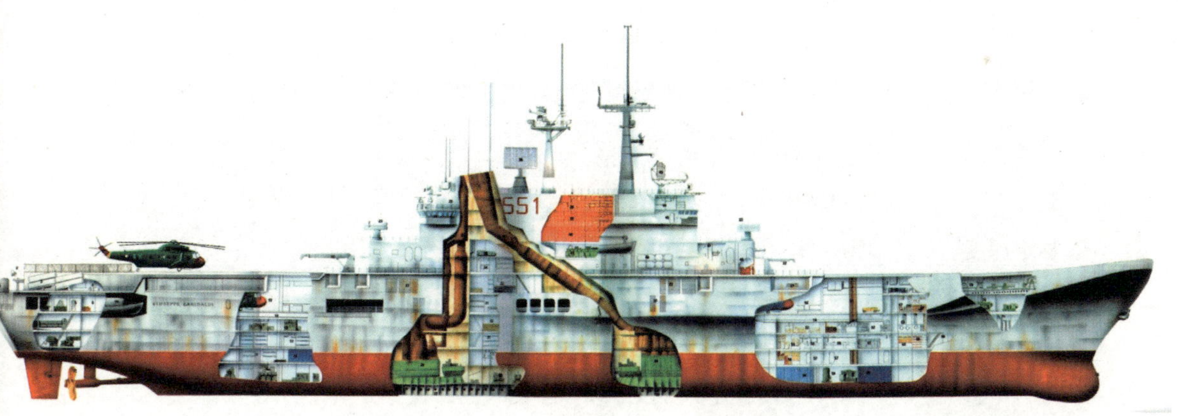

◎“加里波第”号航空母舰内部构造（机库）

鹞”式 AV–8B 和 18 架“海王”SH–3D 直升机（其中，12 架收容至机库，6 架存放于甲板上）。AV–8B 战斗机的“老祖宗”是“鹞”式战斗机。这款战斗机是由英国霍克飞机公司和布里斯托尔航空发动机公司联合研制的，是世界上第一种实用型的短距起飞 / 垂直降落战斗机，它的主要作战任务是进行舰队防空、攻击海上目标、侦察和反潜等。

1966 年 8 月 31 日，“鹞”式战斗机实际上就已展开首飞，1969 年 4 月正式装备部队。之后，又改进细分为：“鹞”系列、“海鹞”系列和“鹞”Ⅱ系列三个类型。美国曾从英国进口了“海鹞”系列，对其改进后称为 AV–8B，并在美国海军陆战队中服役。“鹞”式战斗机为单座、单发战斗机，最大起飞质量 14 吨，最高时速 1085 千米，作战半径 300 千米（近距支援），机上可携带导弹、炸弹、火箭和机炮等多种武器。该战斗机还有一项性能非常突出，安装有前视红外探测系统、夜视镜等夜间攻击设备，因此夜战能力很强。

“鹞”式战斗机具备不少其他战斗机所不具备的特点：①起飞滑跑距离短，不到 F–16 战斗机的三分之一，可在 365 米长的场地起飞，非常适于前线使用；②不必依赖永久性基地，可以机动、灵活和分散配置；③采用体积小、质量轻、功率大、启动快、操纵灵活的燃气轮机，从静止状态到全功率状态只需 3 分钟，机动性极强。

但是，该机也有一些缺点：垂直起降时航程短，载弹量小，而且操纵较

“加里波第”号航空母舰性能参数

基本参数	
舰长	180 米
舰宽	33.4 米
吃水深度	6.7 米
标准排水量	10100 吨
满载排水量	13850 吨
飞行甲板	全长 173.8 米，全宽 30.4 米
机库面积	110 米 ×15 米 ×6 米
舰员编制	编制：582 名 航空联队：230 名 45 名（司令部）
参考性能	
最大航速	30 节
续航力	7000 海里 /20 节
动力装置	
主机	COGAG（全燃联合动力装置） 4 台菲亚特（Fait）/ 通用电气（GE）LM2500 燃气轮机，81000 马力 6 台 GMTA230-12M 柴油发电机组，发电功率为 12700 马力
传动	双轴 2 个定距螺旋桨
武器系统	
舰载机	16 架“海鹞”式 AV-8B 战斗机 或 17 架“海王”SH-3D 直升机（执行反潜任务时）
舰炮	3 座“布莱达”双管 40 毫米速射炮
导弹	2 座塞莱尼亚－埃尔萨格“信天翁”八联装近程舰空导弹发射装置，配备“蝮蛇”导弹 48 枚
其他	2 座 B-515 型三联 324 毫米鱼雷发射管，使用射程 11 千米 航深 450 米的 MK-46 鱼雷，主被动寻的

复杂，事故率较高。

可以说，“加里波第”号航母虽然个头不大、吨位小，但却“舰小功能大”，最多可载 16 ~ 18 架飞机，且舰上武器配置齐全，反舰、防空及反潜三项任务兼备，既可作为航母编队的指挥舰，又可单独执行作战行动。

2. 加富尔号

吨位倍增，本事见长！无论是论块头，或是论吨位，意大利海军中的“加富尔”号航母都要比“加里波第”号航母要大 1 倍。可是，若与美国的大型或超大型航母相比，它只能算个小家伙！

与“加里波第”号航空母舰仔细比较，你会发现“加富尔”号航空母舰的舰体尺寸与排水量都增加了许多，后者的舰长 235.6 米、舰宽 39 米，吃水 7.5 米；满载排水量达到了 2.7 万吨（几乎是前者的 2 倍）。舰上还装设了许多新式装备和武器：包括相控阵雷达和导弹垂直发射系统；舰载机采用短距起飞 / 垂直降落的滑跃方式，可以起降“鹞”式战斗机和 F–35B 战斗机。除担负原本“加里波第”号航空母舰传统的反潜、防空作战任务外，“加富尔”号航空母舰还被赋予支援两栖作战，以及执行人道维和、救灾任务；不仅具备两栖作战指挥能力，而且还具备有医疗设施与收容难民的能力。

“加富尔”号航母与世界上绝大多数国家航母一样，依然采用长方形全通式飞行甲板，长方形舰岛位于右侧；在飞行甲板前方左侧，安装有滑跃角 12° 的滑跃甲板，以供短距起飞 / 垂直降落战斗机使用。“加富尔”号航空母舰从舰底到飞行甲板共有 9 层，舰桥内则有 5 层；舰体最底部的 2 层甲板用来安装主机 / 辅助轮机设施、推进系统、弹药库，以及生活舱区。

该舰采用了传统的复合燃气涡轮与燃气涡轮系统，使用四具美国通用动力公司授权意大利菲亚特公司生产的 LM–2500 燃气涡轮机，双轴推进，总输出功率达 12 万马力，最大航速 29 节，以 16 节速度航行时的续航力 7000 海里；而舰上的电力供应，则由 6 具总功率 2.2 兆瓦的发电机组完成。舰上还有安装于烟囱旁的 RAN–40L 3DD 型远程对空搜索阵列雷达、安装于前桅杆顶端的 SPY–790 EMPAR 多功能 3D 相控阵雷达、安装于舰桥顶部的 RAN–30X/

I RASS 监视雷达、敌我识别器与导航雷达等，其他装备包括雷达 / 光电射控系统、SASS 红外线监视系统、水雷回避声呐，以及拖曳式鱼雷探测阵列声呐等。舰上的 RASS 监视雷达主要担负对海面目标的监视、有限的空中目标监视，以及实施导航、直升机管制、探测掠海导弹等。

实际上，航母不论大小，都非常需要各种防御武器来保卫自己的安全，“加富尔”号自然也不例外。该舰上最重要的一种防空自卫装备是 20 世纪 90 年代法国、意大利合作开发的 SAAM/I 短程防空导弹系统。这种导弹是由意大利阿勒尼亚公司主导研发的 EMPAR 相控阵雷达，以及由“席尔瓦”垂直发射系统发射的“紫菀”防空导弹共同组成。

4 组八联装“席尔瓦”A–43 垂直发射系统，安装于飞行甲板左侧末端；EMPAR 相控阵雷达天线有半球型护罩保护，它的最大探测距离约为 180 千米，可同时探测 300 个目标，追踪其中 50 个目标，并同时导引 24 枚“紫菀”–15 防空导弹，去打击 12 个最具威胁性的目标。

“紫菀”–15 短程防空导弹是 20 世纪 90 年代欧洲多个国家联合研发的

◎ 拖曳式鱼雷探测阵列声呐

新型防空武器。这种导弹采用终端主动雷达制导，并使用矢量喷口，飞行轨迹极其灵活，能有效拦截超音速掠海反舰导弹。

除 SAAM/I 短程防空导弹之外，舰上其他武装包括：3 门自动化的 25 毫米 KBA 防空机炮，分别安装于两舷与舰尾，能射击低空或水面目标。

◎ RAN-40L 3DD型远程对空搜索阵列雷达

此外，“加富尔”号航母还配备 2 门 76 毫米奥托・梅莱拉超快速舰炮（射速 120 发 / 分），各由 1 组 NA–25X 火炮射控雷达系统导控，并配备新型 DART 增程炮弹，可

◎“加富尔”号航空母舰装备的 4 组八联装“席尔瓦”A-43 垂直发射系统

◎ “加富尔”号航母

◎ “加富尔”号航空母舰从舰底到飞行甲板各层结构

实现既可防空、也可近程抗击敌方水面战舰的目的。

“加富尔”号航空母舰除自身配置多项防御武器外，还可由“地平线”级驱逐舰和欧洲多任务护卫舰来为其保驾护航，从而真正形成意大利海上作战的核心和主力。

如今，意大利人总爱将这两艘航母称为欧洲海上地区，尤其是地中海的“航母双杰”，其中主要原因在于“加富尔”号与“加里波第”号航空母舰尽管个头不大，且吨位小，但其综合作战性能颇为出色。

◎ “加富尔”号航空母舰舰岛

“加富尔”号航空母舰性能参数

基本参数	
舰长	235.6 米
舰宽	39 米
吃水深度	7.5 米
标准排水量	22000 吨
满载排水量	27100 吨
飞行甲板	长 220 米，宽 34 米
机库面积	1650 平方米
舰员编制	船员 451 名，其中航空人员 203 名
参考性能	
航速	28 节
续航力	7000 海里 /16 节
动力装置	
主机	4× 通用 / 菲亚特 LM-2500 燃气轮机，118000 马力
传动	双轴
武器系统	
舰载机	12~16 架“海鹞”AV-8B 式战斗机 3 架 EH-101Mk、112AEW/HEW 预警直升机 4~6 架 EH-101、NH-90 或 SH-3D 多用途反潜直升机
舰炮	2 门 76 毫米奥托·梅莱拉 76 速射炮， 3 门奥托·布莱达 25 毫米速射炮
导弹	4 组八联装“席瓦尔”A-43 垂直发射系统 （配备“紫菀”-15 舰空导弹）
其他	RBU-12000 火箭深弹发射装置 UDAV-Z 型深水炸弹发射装置

四、苏联 / 俄罗斯“库兹涅佐夫海军元帅”号航母

把时间推回到约四十年前的 1982 年 4 月 1 日，当时的苏联海军就已在尼古拉耶夫造船厂开工建造了其史上第一艘大型航空母舰“库兹涅佐夫海军元帅”号（该舰又被称为 1143.5 级）。

1. 苏联海军首艘真正意义的航母

“库兹涅佐夫海军元帅”号航母不仅建造周期长，而且曾用过的名字也很多，如“苏联”号、“克里姆林宫”号、“勃列日涅夫”号和“第比利斯”号。但随着岁月的流逝，政治风云的变幻，该舰最后被定名为“库兹涅佐夫海军元帅”号；之所以最终采用这个名字，主要是库兹涅佐夫海军元帅在“二战”前后一共担任过 18 年的苏联海军总司令，更是一位苏联航空母舰的积极倡导

◎ 苏联第一艘大型航空母舰“库兹涅佐夫海军元帅”号

者。对于该航母用此名字，可以说，当时苏联或其后的俄罗斯绝大多数老百姓举双手赞成。

“库兹涅佐夫海军元帅”号航母虽然早于 1985 年 12 月 4 日就已基本建成下水，但一直延宕到 1991 年 12 月的苏联解体之前夕方才服役，前后一共建造、舾装了近 10 年时间，现部署于俄罗斯海军北方舰队基地。

尽管毁多誉少，但不管怎么说，“库兹涅佐夫海军元帅”号航母是苏联和俄罗斯第一艘真正意义上的航母，也是世界上第一艘同时拥有斜、直两段飞行甲板和滑跃式飞行甲板的航母。该舰满载排水量 6.5 万吨；飞行甲板长 304.5 米，宽 70 米；机库长 152 米，宽 26 米，高 7 米；其人员编制为 1960 名，其中 600 余名航空人员。该航母安装有 4 台 TV–12–4 型蒸汽轮机，总功率 20 万马力，设计航速超过 30 节。

（1）甲板。该航母整个飞行甲板总面积并不大，大约为 14800 平方米，

◎ 俄罗斯“库兹涅佐夫海军元帅”号航母

还不足两个标准足球场面积大小；看总体俯视图可发现其是一个奇妙的“混合体”，共分为起飞区、降落区、停机区三个区，且不规则地组合在一起。如果仅从外形来看，它既有大型航母特有的斜、直两段甲板，又有轻型航母所通用的 12° 上翘角滑跃式起飞甲板；虽然没有安装弹射器，但却可以起降 30 多吨的重型固定翼战斗机，绝对称得上是一级融合多种要素于一身的巨型“海上怪兽”。

这艘目前俄罗斯海军唯一在役航母有许多自己独有的特征，不仅采用全通式飞行甲板，以及巨大的舰首滑跃式起飞甲板，而且还首次使用包括舷侧升降机、拦阻装置等专用设备。它的艏部水上部分有较大的外飘，甲板舷角

采用圆弧连接。艏部前端水下部分安设有球鼻首，用于装设声呐换能器，探测搜寻水下目标；艉部采用方尾，艉板较宽，舭部为圆形。主舰体从飞行甲板往下有 7 层甲板、2 层平台和双层底，共 10 层甲板。

（2）动力。该舰的动力系统理论上完全可以满足舰载机起降和舰队机动的要求。不过，这艘航母服役之后，因动力系统问题接连不断，从而很长时间无法形成战斗力。

（3）超强的武器系统。“库兹涅佐夫海军元帅”号航母除搭载有舰载机外，还装有大量的各种武器，其战斗力比一般巡洋舰都要强。舰首的飞行甲板下方共装有 12 座 SS–N–19 垂直发射反舰导弹装置，这种导弹可通过卫星接收目标信息，实施超视距打击，最大射程可达 550 千米，被誉为“航母杀手”。舰上防空武器的威力更为强大，在飞行甲板两侧前后 4 个舷侧平台上布置 4 组 6×8 个发射单元的 SA–N–9 舰对空导弹垂直发射装置，共装有导弹 192 枚。4 个舷侧平台上还装有 8 座 CADS–N–1 弹炮合一近程武器系统，每座系统包括 2 座 6 管 30 毫米 AK–630 炮和 2 组四联装 SA-N-11 近程舰对空导弹。实际上，如果单论防空火力，该舰已远远超过美国“尼米兹”级航母，足以有效地抗击对方大数量、多批次、多方向的“饱和攻击”。该舰的反潜能力同样十分强悍，除配有反潜直升机外，还有 2 座 10 管 RBU–12000 火箭深弹发射装置，可以消灭距离 1.2 万米处的水下目标。

2.“库”舰缘何一再进厂大修？

（1）舰载机老化。该航母本可搭载 40 余架各型固定翼舰载机和直升机，其中包括苏 –33 战斗机、苏 –25UTG 教练机、卡 –31 预警直升机和卡 –27 反

知识链接

SS–N–19“舰空”反舰导弹

北约代号“SS–N–19”，也被译为“海难”，苏联和俄罗斯称之为P–700“花岗岩”反舰导弹，于20世纪70年代研制，1979年正式装备出舰；可搭载于水面舰艇和潜艇，并可垂直发射。该导弹长10米，弹径0.85米；弹质量近7吨，战斗部为750千克半穿甲高爆战斗部或50万吨梯恩梯当量核弹头战斗部分；高空中航飞行速度达1.5马赫，末端飞行速度达到2.5马赫。采用常规战斗部的该导弹高空弹道最大射程550千米，采用核战斗部的高空弹道最大射程可达625千米。

潜直升机等。时至今日，苏–33战斗机编制数量仅为18架，苏–25只有4架。但这些年来，由于经费不足和维修保养不利，使得各种飞机摔的摔、坏的坏，很多连零配件都无法补齐，以致真正能投入作战使用的飞机数量已越来越少。俄罗斯海军曾在2002年对上述舰载机进行过一次升级，可惜如今又过去了十多年，上述飞机总体性能也都趋于落后。这些年，尽管俄罗斯海军已宣布订购24架米格–29K，并已从2015年开始逐渐淘汰苏–33，不过由于所拨经费不足，更换速度相当慢。其实，米格–29K一问世，就遭到多方质疑，特别是印度海军，对这款专门为其航母“量身打造”的舰载机并不“感冒”。

（2）拦阻索装置事故。2016年10月15日，“库兹涅佐夫海军元帅”号航母从俄罗斯北莫尔斯克港起航驶往地中海，增援俄罗斯在地中海东部的海军舰队。11月15日，编队完成了俄海军历史上首次航母舰载机打击

◎“库兹涅佐夫海军元帅”号舰母上的舰载直升机

飞行甲板

飞行甲板就是航母舰面上供舰载机起降和停放的上层甲板，又称为“舰面场”。早期飞机由于起降速度不大，可以从军舰艏部或主炮塔上部铺设的小型甲板上着舰，而现代航母都是贯通全舰的大面积的上层甲板。

需要指出的是，航母的飞行甲板要比舰体宽得多。从正面看，飞行甲板从舰体上面向两舷伸出，形状很怪异。

飞行甲板要承受飞机着舰时的强烈冲击载荷，所以要用高强度钢板制成。而现代航母的飞行甲板表面全部为金属材料。

地面目标的任务。在整个叙利亚作战飞行中，俄罗斯航母舰载机共出动了420架次，其中117次是夜间飞行，摧毁近1200个恐怖分子的设施，战后共有20名舰载机飞行员获得俄罗斯勋章。

不过，这次行动也留下不少遗憾，航母上有2架舰载机失事（苏–33和米格–29K各一架），所幸两名飞行员均弹射生还，而且航母也没有受到多大损坏。

俄罗斯国防部和海军在叙利亚战后认真总结了经验教训，重点分析了事故原因，一致认为：主要在于俄罗斯航母的战备训练水平不高。这两架飞机失事都不是技术故障原因，而是由于操作不当造成的。其中，米格–29K坠毁，是因为拦阻索系统故障而导致无法降落，最终燃油耗尽而坠海；苏–33战斗机则是在降落时偏离了跑道中心线距离的最大限度，造成拦阻索断裂，发生坠机沉海事件。

（3）更换锅炉。从2018年起，“库兹涅佐夫海军元帅”号航母又一次进厂维修，预计时间至少持续2.5 ~ 3年。看时间，这次维修的规模就小不了，

◎ “库兹涅佐夫海军元帅”号航空母舰

◎“库兹涅佐夫海军元帅”号航母与舰载机

费用也少不了（所有费用估计将超过200亿卢布，约为3.2亿美元）。其中，要将现有的8台锅炉中的4台更换成新的；而对另外4台要进行锅炉内壁的更换和管道的清洗。同时，还将进行电子设备、通信、侦察、导航与作战控制系统更新，并安装新的舰载机安全着陆保障系统。

（4）甲板被砸、零件被盗。“库兹涅佐夫海军元帅”号命运多舛，一点也不为过！

2018年10月30日凌晨时分，正在北部摩尔曼斯克市附近水域接受维修的“库兹涅佐夫海军元帅”号，被一台从高处坠落的吊车砸中航母甲板，导致维修航母所用的浮动船坞由于故障沉入水中。同时，在甲板上留下一个大约5米长、4米宽的洞。虽然初步调查显示，航母所受损害“不致命”，但是要想修复完好如初，却不是一件简单的事。更离谱的是，该舰母上的两名工作人员监守自盗，盗窃了航母上的393个关键零部件，不仅造成140万卢布损失，而且使该航母在短短时间内彻底陷入瘫痪，难以正常维修。截至2024年8月，该舰尚未回到海军服役。

“库兹涅佐夫海军元帅”号航空母舰性能参数

基本参数	
舰长	304.5 米
舰宽	70 米
吃水深度	10.5 米
标准排水量	55000 吨
满载排水量	67500 吨
飞行甲板	长 304.5 米，宽 70 米
机库面积	3952 平方米，高 7.0 米
舰员编制	舰员 1980 名（军官 200 名） 航空人员 626 名 旗舰指挥人员 40 名
参考性能	
航速	30 节
续航力	8500 海里 /18 节　3850 海里 /29 节
自持力	45 天
动力装置	
主机	8 台锅炉，4 台 TV-12-4 蒸汽轮机，总功率 20 万马力
传动	齿轮传动，四轴四桨
武器系统	
舰载机	18 架苏 -33 战斗机、15 架卡 -27 反潜直升机、4 架苏 -25UTG 教练机、2 架卡 -31 预警直升机
舰炮	2 座 AK630 型 6 管 30 毫米炮
导弹	2 组四联装，每座装 8 枚 SA-N-11 近程舰对空导弹
其他	2 座 10 管 RBU-12000 火箭深弹发射装置，UDAV-1M 型深水炸弹发射装置 8 座 CADS-N-1“嘎什坦”弹炮合一近防系统

五、泰国“差克里·纳吕贝特”号航母

每当问及世界上最小的航空母舰是哪个国家时，不少人都会响亮地回答：“泰国！”但如果再深究一句，它叫什么名字？绝大多数人只会摇头，很难答上来。的确，这后一个问题难度实在有点大，该航母的名字不仅拗口，而且还有点长。

1. 当今世界最小的航母

知者不难，难者不会。世界上最小的航母当属泰国的“差克里·纳吕贝特”号！它的满载排水量仅为 11485 吨，该吨位也就是美国“福特”号航母满载排水量的十分之一。

位于亚洲中南半岛中部的泰国，是一个国土面积比较小的国家。它向南延伸到马来半岛北部，与老挝、柬埔寨、缅甸和马来西亚相邻；东南濒暹罗湾，西南靠近缅甸海。泰国竟是第二次世界大战以来继印度之后第二个拥有航空母舰的亚洲国家，也是东南亚地区唯一拥有小型航母的国家。

（1）缘于一场台风灾害。1989 年发生的一场特大台风灾害，改变了泰国当局特别是泰国海军对建造大型战舰的看法，使得泰国萌发了购买和拥有航空母舰的想法。当年的那场强台风，席卷了整个泰国南部，造成大量渔船沉没，沿岸众多民房倒塌，大量渔民和濒海民众死亡或失踪。虽经海军全力援救，但都因出动的舰艇吨位太小，能活动的距离非常有限，受海上暴风雨的制约太大，因而显得力不从心，根本无法应对，假如当时能有一艘大型战舰赶赴现场并使用舰载直升机进行及时抢救，损失就会小得多。这场台风还对位于泰国湾西岸的春蓬、巴蜀等省的通信设备造成严重破坏，使得联络中断，此时又急需一艘装备有完善通信设施的大型舰艇及时赶到，以提供应急的通信保障。

（2）军费有限。还有一点就是，泰国为了成为东南亚地区的富国和强国，需要发展和壮大海军，如何体现？当然航空母舰是最好的象征和体现，不过泰国的全年军费有限，必须压缩航母的日常维护及运营支出，于是只好将航

◎泰国“差克里·纳吕贝特”号航空母舰与护卫舰组成编队航行

母最小型化。

（3）打击海盗。由于泰国海岸线长约 2600 千米，且又十分临近马六甲海峡，其近海海域是海盗猖獗活动之地。多年来，为了保护过往船只和海员的生命、财产免遭劫难，一有风吹草动，相关部门往往会要求海军能在第一时间赶赴出事地点，出动舰载直升机则是解决问题的最佳选择。总之，无论从自身担负的使命任务，还是从应对临时紧急情况出发，泰国海军都迫切需要一种搭载有批量直升机的大型海上机动平台，通过舰载直升机快速机动，尽快剿灭海盗。

2. 轻型航母，很受青睐

泰国海军披露出购买小型航母的意向后，当时世界上几大造船公司纷纷提出了各自的设计与建造方案及报价。其中，西班牙巴赞造船公司竭力推销的“轻型航母”方案最被泰国海军所看好，尤其是它列出了三方面颇具吸引力的优势，使之在与其他公司的竞争中处于有利地位。其三项优势：一是造价低廉，总造价不超过 4 亿美元，仅相当于西方建造一般中型护卫舰的价格；二是建造时间快，5 年内即可交舰，1988 年服役的西班牙“阿斯图里亚斯亲王”号轻型航空母舰就是巴赞造船公司的成功杰作；三是可根据泰国海军新的要求，在轻型航母的基础上，不断地加以改进与提高。

其实，泰国海军原本仅打算建造与装备一艘普通的直升机母舰。但是，鉴于巴赞公司提出的“轻型航母”方案，使得泰国海军决定以此为契机，重新调整其发展计划，改为装备一艘轻型航母，并使之成为泰国海军的海上作战核心力量。

翌年 3 月，泰国海军与巴赞造船公司正式签约，结果创下了一项新的世界纪录：一艘全球最小航空母舰即将诞生！该航母能搭载直升机和“鹞”式短距起飞 / 垂直起降战斗机，总金额为 3.6 亿美元。1994 年 7 月 12 日，这艘舷号为 R911 的轻型航空母舰正式开工兴建。

1996 年 1 月 20 日这天，尽管天气阴冷，但是泰国全国上下包括泰国王室所有成员却情绪高涨：因为属于泰国的航空母舰即将下水。泰国王后诗丽吉在西班牙公主索菲娅的陪同下，亲自前往西班牙巴赞造船公司法罗船厂主持了下水仪式，两国海军司令也一起陪同参加。

从这天起，泰国海军应该说离有一艘真正意义上的航空母舰“差克里·纳吕贝特”号的目标越来越近。差克里·纳吕贝特是泰国曼谷王朝的开国君主，泰国海军以他的名字来命名，大有重新开创本国海军新纪元的寓意。同年10月，作为平台部分的航母总体建造工程基本完成，开始进入海上试航阶段。为此，泰国海军派出了接舰部队远赴西班牙，随舰出海，边试航边进

行交接，以达成最快入役这艘航母。

3. 从风光一时，到“码头皇后”

在整个建造过程中，泰国各方十分重视“差克里·纳吕贝特”号航空母舰军民融合、技术通用的特点。在一定程度上采取民船建造标准、军民

◎ 停靠在梭桃邑军港的“差克里·纳吕贝特”号航母

通用标准结合。例如，舰体结构、管路、电缆、电气设备等，均按英国劳氏船级社的民船建造规范来设计，许多材料、设备采用民用品。主要原因在于民用品销售广、产量大，价格比军用品低廉，从而可明显降低成本。不过，虽然部分应用民船建造规范，但在涉及与作战、生命力有关的关键系统和部件方面，如飞行甲板、动力装置、电力分配系统、损害管制系统等，仍严格按照军用标准的要求进行设计和建造。

该航母的动力装置设计与运用也很有特点：采用 CODOG 动力模式，即舰上安装有柴油机和燃气轮机，并分别在低速和高速时交替为战舰提供动力，也就是说舰上同时装有 2 台 LM–2500 燃气轮机和 2 台巴赞 –MTU 的 16 缸柴油机，交替使用，最大航速可达 26 节。

不过，该航母上的核心部分应该是飞行甲板，其甲板长 174.6 米，宽 27.5 米，飞行跑道偏于甲板左舷，跑道中线与舰体中线形成一个向右的 3° 小斜角；前部有上翘 12° 的滑跃甲板，可使 AV–8S 战斗机携带最大武器载荷短距起飞，而其返航着舰则采用垂直降落方式。垂直降落方式无论对飞行员还是对航母来说，都更容易，也更安全。在降落时，只需逐渐减小飞机的航速，使飞机飞至母舰附近的空中悬停，然后将飞机移动到甲板上方，最后让飞机缓慢下降着舰。

飞行甲板上共设有 5 个直升机停机位，可供 5 架直升机同时作业。在飞行甲板的中部右舷及后部中线中部，各有 1 台起重能力为 20 吨的飞机升降机，供机库和飞行甲板间的飞机上下调度使用。飞行甲板之下为机库甲板，机库长 100 米，中间有一防火帘将机库分成前、后两部分，共可存放 12 架 AV–8S 短距起飞 / 垂直降落战斗机或 15 架“海王”中型直升机。如

知识链接

RBU–12000火箭深弹发射装置

俄罗斯“库兹涅佐夫海军元帅”号航空母舰上搭载的RBU–12000火箭深弹发射装置是一种较相对廉价的反潜武器。俄罗斯海军一共研制了7种反潜火箭深弹，现今仍在各型水面战舰上广泛传用。例如，“库兹涅佐夫海军元帅”号航空母舰，“差洛夫”级山弹舰和“无畏”级驱逐舰等。RBU–12000火箭深弹发射系统为10联装；口径300毫米；甲板上发射器，加上甲板下的系统部分，总质量19.6吨；最大有放射程为12000米。该型反潜火箭深弹一共备有4种弹药：一是111SZ反重潜火箭深弹，采

果在升降机平台及机库空余地上都停放飞机时，即可达到规定的载机数量。机库内还有 2 台与水线下弹药舱相连的弹药升降机，专为飞机搬运装载弹药。在前升降机侧装设有 1 台起吊飞机用的起重机，以便在飞机发生故障无法正常降落于飞行甲板时，先应急迫降于海面，然后再用此起重机将其起吊回收。

为了给这艘小航母配套相应的战斗机，泰国海军专门从西班牙手里买来“二手”的 7 架单座型和 2 架双座型 AV–8S“鹞”式短距起飞 / 垂直降落战斗机。而西班牙海军早在 1993 年就向美国订购了 8 架全新的 AV–8B 战斗机，作为自己卖出二手货之后的替代。到 1998 年亚洲金融危机时，采购到手不足 5 年的 9 架 AV–8S 战斗机中，就已有 3 架已经完全不具备作战能力。遭到金融危机重创的泰国，迅速削减了给海军的拨款，结果使得既缺飞行经费也缺维护费用的剩余 AV–8S 战斗机也接连损坏，最后一架飞机于 2004 年丧失作战能力。2006 年，服役仅十余年的 AV–8S 战斗机全部退出泰国海军现役。

“差克里 · 纳吕贝特”号航母刚加入泰国海军时，还曾与前来南海的美军核动力航母共同进行演习，可谓风光一时。然而，金融危机袭来后，由于经费捉襟见肘，很快它就变成了一位地地道道的“码头皇后”！如今，每天都有上千的泰国游客到访梭桃邑军港，他们只需要亮出身份证，证明自己是泰国公民，花钱买票后就可以登上这艘曾经的泰国“海上巨无霸”随意参观。

用近炸引信；二是111SG型，为标准的反潜火箭深弹；三是111SZG型，结合了前两种弹药的特征和用途；四是111CO型，装有声呐诱饵，可诱导鱼雷偏航。

该系统出口型名称为“蟒蛇”–1/UDAV–1，拦截直航鱼雷概率达90%，拦截自导鱼雷概率达76%，“彼得大帝”号核动力导弹巡洋舰、“无畏”级大型反潜舰、库兹涅佐夫号航空母舰均装备了RBU–12000火箭深弹发射装置。

◎ 泰国“差克里·纳吕贝特”号航空母舰

“差克里·纳吕贝特”号航空母舰性能参数

基本参数	
舰长	182.6 米
舰宽	30.5 米
吃水深度	6.2 米
标准排水量	7000 吨
满载排水量	11485 吨
飞行甲板	长 174.6 米，宽 27.5 米
机库面积	3000 平方米
舰员编制	455 名（其中军官 62 名，航空联队 146 名）
参考性能	
航速	26 节
续航力	10000 海里 /12 节
动力装置	
主机	2 台 16500 千瓦的 LM-2500 燃气轮机 2 台 4115 千瓦的巴赞 -MTU16 缸柴油机
传动	双轴双桨
武器系统	
舰载机	8 架“鹞”式 AV-8S 战斗机
舰炮	2 门 30 毫米口径舰炮（计划安装）
导弹	1 部 Mk41 LCHR 八单元垂直导弹发射系统，“海麻雀”ESSM 防空导弹（计划安装）； 3 座“马特拉·萨德拉尔”六联装导弹发射装置，“西北风”防空导弹 18 枚

六、法国“戴高乐”号航母

1975 年，法国海军及相关造船设计与建造部门十分看好英国“无敌”级航母方案，信心满满地提出了一个由法国自行建造、名为 PA–75 的 2 万吨级轻型核动力航空母舰方案。但是，该方案一提出，立即遭到主张发展大甲板、传统起降方式航空母舰的法国海军高层人士猛烈的抨击。

1. 千呼万唤始出来

法国海军并没有轻易地拍板，而是充分经由各方多次反复讨论，并对最初方案进行无数次修改后才最终确定：法国新一代核动力航空母舰采用传统的固定翼舰载机起降方式，而不是效仿英国皇家海军小吨位“无敌”级那种，虽搭载固定翼舰载机，但又有极突出的英国风格的短距起飞 / 垂直降落方案。

法国海军于 1980 年正式确立建造核动力航空母舰的方案。新型核动力航空母舰满载排水量为 4 万余吨，几乎是法国海军所能负担的最大极限，最初预计建造 2 艘。

法国航母大概天生就是“难产儿”，从一开始，该级航母首制舰原本打算采用法国历史上著名的大主教“黎塞留”的名字来命名，后经过数次变更，最终命名“戴高乐”号。被誉为“法国历史上最伟大的人”的戴高乐，曾于第二次世界大战期间创建并领导“自由法国政府”抗击德国的侵略，在战后成立的法兰西第五共和国担任第一任共和国总统。以“戴高乐”名字命名的这艘核动力航母，是法国史上拥有的第 10 艘航空母舰，它不仅是法国航母史上第一艘核动力航空母舰，也是世界海军有史以来唯一一艘不属于美国海军的核动力航空母舰。

“戴高乐”号航母的设计方案虽说早就确定，但其后的正式建造日期却由于法国政府的更迭改选而一再延宕，迟迟无法确定，直到 1986 年 2 月才由法国国防部长正式签署该舰的建造命令。1987 年 11 月 24 日，法国船舶建造局在法国武器装备、技术部门以及法国原子能委员会的协助下，终于审定了“戴高乐”号航母的设计工作，并切割该航母的第一块钢板，于 1989 年 4 月安放龙骨，并在船坞内开始组装；定于 1994 年 5 月下水。

但实际上，“戴高乐”号航空母舰直到 1999 年才驶入地中海正式成军。该级第二艘原本还打算使用“黎塞留”主教的名字，且最初预计在 1992 年开工，于 2004 年服役，但终因 20 世纪 90 年代法国国防预算大幅削减，导致“黎塞留”号航母的建造计划被搁置。后来又几经周折，于 21 世纪初决定重新设计第二艘航母，并决定将其改为常规动力。由此，“戴高乐”号核动力航母真正成了法国航母史上采用核动力装置独一无二的“孤品”。

2. 麻雀虽小，五脏俱全

实事求是地说，“戴高乐”号航母的确不够大（无法与美国“尼米兹”级核动力航空母舰相比），它的飞行甲板长 264 米，宽 64.36 米，面积共 12000 平方米，相当于一个半标准足球场面积大小。舰上机库长 138.5 米，宽 29.4 米，高 6.1 米，面积 4600 平方米，可同时接纳 20 ~ 25 架固定翼飞机停放、维修，机库四周设有维修工厂与飞机零件库。

与美国“尼米兹”级航母颇为相似的飞行甲板的区域设置，其左舷有一条长 195 米的跑道，与舰身轴心有 8.5° 的夹角，上面装有两具美制 C–13–3 蒸汽弹射器，以轮流运作的方式让舰载机弹射升空，两具弹射器交互使用时，每 30 秒就可让一架飞机起飞。飞行甲板尾端则有 3 组降落拦阻索，以及 1

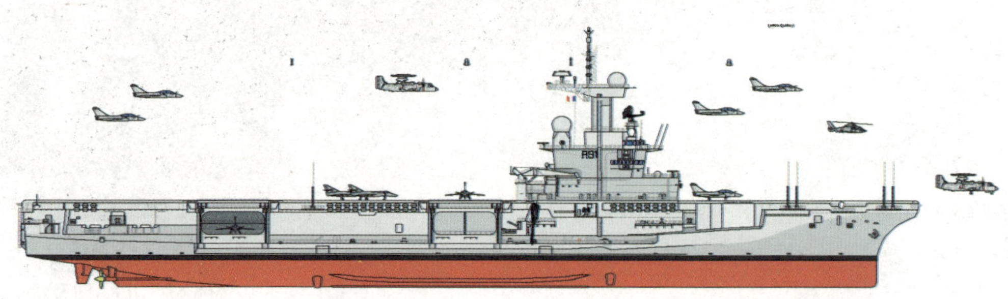

◎ 法国“戴高乐”号航空母舰

◎ 法国“戴高乐”号核动力航空母舰

◎ “阵风”战斗机从“戴高乐”号航母上弹射升空

组在紧急时使用的拦截网；包括全自动航空母舰降落系统、光学辅助降落系统和 DALAS 激光辅助降落系统，能让以超过 275 千米 / 时速度降落的舰载机在 75 米内顺利停止；可在 12 分钟内让 20 架飞机降落。右舷舰岛后方处设有 2 具升降机。

事实上，“戴高乐”号航母的防护能力也很强：全舰从飞行甲板至舰底形成一个完整的箱型堡垒式构造，舰岛使用凯芙拉装甲以及轧制钢来增强抗击能力；为了避免受损时产生连锁引爆，轮机舱与弹药库周围的舱壁都用装甲强化，并采用前后分散布置，与之相邻的舱房也以装甲舱壁隔开；全舰由 19 道纵向舱壁划分为 20 个水密舱区，水线以下的舰体采用双层或多层船壳设计，并专门强化舰底强度。舰内总共划分为 2200 个舱室，由舰底到舰桥顶部共 15 层甲板。“戴高乐”号拥有完全符合北约标准的核生化防护能力，舰上绝大部分舱室都采用气密式结构，使用加压系统可使舱压高于外界压力，从而避免核爆尘或生化武器污物入侵。

“戴高乐”号航母尽管体型不大、吨位小，但它的航行及飞机起降性能一点也不比美国“尼米兹”级航母差，其纵向摇晃可被控制在 0.5° 以内，即使在 6 级风海况下仍能让 25 吨级固定翼舰载机安全起降。更令“尼米兹”级航母汗颜的是，当以 20 节航速、30° 舵角转弯时，“戴高乐”号舰体仅倾斜 1 °。

但是，法国虽然是联合国五大常任理事国之一，不过论其影响力和总体实力，充其量也就是欧洲地区大国，加之军费数量有限，因此其建造航母数量自然有限；而且为了进一步节省经费，“戴高乐”号航母并没有重新设计核反应堆，而是在舰上安装了 2 座与法国新一代“凯旋”级弹道导弹核潜艇相同的 K–15 核反应堆，结果给“戴高乐”号航母造成了重大缺

知识链接

“萨德拉尔”舰空导弹

“萨德拉尔”舰空导弹是一种超越近程防空导弹系统，主要由“海鳝”红外热像仪与“海西北风”导弹组成。早期曾安装在法国海军小型护卫舰上，后在“戴高乐”号舰母的左、右两舷分别侧装有一套。“海西北风”是“西北风”地对空导弹的舰载改进型，采用六联装发射架，主要用于对付低空飞机、直升机和掠海反舰导弹等。“萨德拉尔”舰空导弹采用红外制导，可多枚攻击一个目标，也可攻击多个目标。

法国“戴高乐”号核动力航空母舰性能数据

基本参数	
舰长	238 米（水线）　264 米（飞行甲板）
舰宽	31.5 米（水线）　64.36 米（飞行甲板）
吃水深度	9.43 米
标准排水量	36600 吨
满载排水量	40600 吨
机库	长 138.5 米，宽 29.4 米，高 6.1 米
舰员编制	舰员 1256 人，航空人员 610 人
参考性能	
航速	25 节
动力系统	2 × K15 压水式核反应堆 4 × 柴油机，双轴
武器系统	
舰载机	24-30 架法国“阵风”-M 战斗机 3-4 架 E-2C 预警机，5-6 架直升机
导弹	4 座八联装“紫菀”近程防空导弹 2 座六联装“萨德拉尔”近防系统 “风暴阴影”巡航导弹
其他	8 门 20 毫米单管炮

憾——动力严重不足，总输出仅 7.62 万轴马力（远不及法国早先的常规动力的“克莱蒙梭”级，输出功率约为 12.6 万轴马力），导致航速太慢；在海试中，“戴高乐”号最大航速仅为 25 节，而其上一代“克莱蒙梭”级航母的最大航速则为 32 节。

航母头部的“角”

航空母舰飞行甲板的前端有时会伸出一些角状物，如果我们仔细观察一下，就会发现这些“角”都正好对准弹射器的前面，实际上，这是航母拖索的“回收角”。

在使用拖索式弹射方式时，拖索会从被弹射的飞机上脱落，这些拖索一般是直径 20~40 毫米的钢索，如果一次性使用未免太可惜了，于是，设计师在弹射器前方的甲板顶端安装上向前伸的角状物，“角”的前端和两侧张着网兜，拖索落在网兜中就可以再次使用。

3. 蛮强的战斗力

其实，“戴高乐”号航母的战斗力倒是蛮强的！舰上最多能容纳 40 架以上各型舰载机，包括 24 架法国“阵风 -M”型战斗机（必要时可增至 30 架以上）、4 架空中预警机和 5 ~ 6 架的直升机；平均每日最多可出动 75 架次，这个兵力规模差不多是攻防兼备的大型航空母舰的最低下限。

不过，该舰的防御自卫能力并不强，主要装有 4 座 8 单元由阿拉贝尔相控阵雷达及垂直发射“紫菀”–15 短程防空导弹和 2 座六联装“萨德拉尔”近防系统；此外，还有 8 门 20 毫米单管炮用于日常警戒。“戴高乐”号原想购买美国“战斧”巡航导弹，但美国拒绝出售。无奈之下，法国只好和英国联合开发“风暴阴影”导弹。“戴高乐”号航母刚服役不久，“风暴阴影”巡航导弹即研制成功，于是法国人立即把“风暴阴影”导弹装备到“戴高乐”号上。

◎ 搭载在“戴高乐”号航母上的预警机

4. “风暴阴影”导弹威力如何？

如果仅看外形模样，“风暴阴影”的确有点呆头方脑，可是它却是世界上第一款隐形巡航导弹。它可利用雷达的“盲区效应”，在距地面 100 米内的低空突防，从而大大提高了突破能力；在飞行中段采用 GPS 全球定位加地形景像匹配制导，末段采用红外成像精确制导，因而具有极高的打击精度。即使全球卫星定位系统受到干扰或收到虚假信息，新的制导方式仍可保证这种巡航导弹具有足够的精确度和可靠性。“风暴阴影”还大量采用了人工智能技术，可以自动识别目标，堪称当今世界上最完备和“最聪明”的隐形导弹。

大概是由于“风暴阴影”性能在多个方面要优于美国的“战斧”巡航导弹，于是美国开始向英国出售先进“战斧”Ⅳ 战术巡航导弹；同时也频频向法国招手，但高昂着头的法国人像“高卢雄鸡”一样，不再理睬美国人了。

◎ 装备在舰载机上的“风暴阴影”导弹

七、印度“超日王”号航母

1. 单航母运行

2017 年 3 月，全世界主要媒体不约而同都在传播一条消息：“58 岁”的老航母“维拉特”号“解甲归田”，印度海军只剩下“超日王”号（印度又称之为“维克拉玛蒂亚”号）一艘航母在运行；2022 年，“维克兰特”号下水，印度双航母运行。

在 2018 年，就在世界许多国家对印度航母发展前景观望之时，印度国防部长突然发表了一通令人费解的讲话，“在亲眼看见西方舰队的勇敢后，我对印度海军守卫国家、抗击任何内容诱惑的威力坚信不疑！”虽说多数人对于这位部长的讲话，着实有点“丈二和尚摸不着头脑”。当时，令他们大为不解的是，一直偏好航母的印度海军，为何在很短的时间内，航母数量竟会比印度海军司令所称的需求数量少了 2 艘。

其实，少了的这两艘令世人耳熟能详的国产航母是：“维克兰特”号与“维沙尔”号，并非真少了，只是它们的建造进度一拖再拖。终于，“维克兰特”号在 2022 年下水，“维沙尔”号最早也要至 2032 年才能竣工交付印度海军。

如今印度人谈及“超日王”，依然充满了崇敬、神秘的情感，因为在印度，“超日王”完全是一个家喻户晓、众人皆知的人物。他是印度笈多王朝的第三代君主，公元 375 年—415 年在位。印度历史记录为旃陀罗·笈多二世，中国将其王号意译为“超日王”。超日王的父亲是印度笈多王朝的第二代君主沙摩陀罗·笈多，也称“海护王”，公元 335 年—375 年在位。

知识链接

退役航母五大归宿

归宿一：解甲从商

代表：俄罗斯“明斯克”号航空母舰

1995年，在拆除关键部位后，被当作废金属卖给了韩国，后又被转卖到中国，经过改造，2000年9月，深圳“明斯克航母主题公园”正式营业。

归宿二：重出江湖

代表：印度“维克兰特”号航母

1957年，刚独立不久的印度就看中了英国退役航母“大力神”号，购进后更名为“维克兰特”号。

归宿三：改作靶舰

代表：“美国”号航空母舰

◎ 印度“超日王”号（也称“维克拉玛蒂亚”号）航空母舰

历史上，印度有过一段单航母运行的时期。不少人大概还记得：20 多年前的 1997 年，当时的印度海军也仅剩下“维拉特”号 1 艘航空母舰。这艘第二次世界大战期间建造的英制航空母舰（前身为“巨人”号），虽然经过几次大修，但性能始终一般，当时估计该舰最多只能撑到 2010 年左右，所以印度海军当时马上着手筹划购买或改建下一代的航空母舰。

2006年4月，美国海军耗资2200万美元，从水下和空中对“美国”号航母进行破坏，历时25天，最终将其引爆并沉入1800多米深的大西洋海底。

归宿四：入库封存

代表：英国“无敌”号航空母舰

2006年8月1日结束了28年的服役生涯，停入朴次茅斯港，8月3日正式退役，做了封存处理。

归宿五：大卸八块

代表：美国“企业”号航空母舰

“企业”号航母于1947年退役后，很快被卖给一家公司当成废铁回炉了，这几乎是绝大多数退役航母难逃的命运。

印度曾在私下里决定，其第 2 艘航母就等待法国海军“福熙”号退出现役后立即购买；可是由于法国航母退役时间迟迟不确定，且对其寿命究竟能延续多久不摸底，最后只好作罢！

2. “超日王”的前身

印度于 1999 年 1 月重新向俄罗斯采购大笔军火，陆、海、空各种武器一起上，其中比较大的项目有：苏 –30MKI 战斗机、T–90 主战坦克，以及“戈尔什科夫海军元帅”号航空母舰（“戈尔什科夫海军元帅”号是苏联海军“基辅”级航空母舰的最后一艘）。

“戈尔什科夫海军元帅”号航母与“基辅”级前三艘姊妹舰相比，在装备上进行了诸多重大改进。例如，舰上的侦测系统、武器系统等，都与随后出现的苏联第三代“库兹涅佐夫海军元帅”号航母大致相当。所以，一定意义上它应该是后者的验证舰。

“戈尔什科夫海军元帅”号的舰岛造型与“库兹涅佐夫海军元帅”号的极为相似：舰岛上方安装有四个巨大天线阵面的“天空哨兵”相控阵雷达；舰上装设的短程防空导弹统一为垂直发射的 SA–N–9、SS–N–12；反舰导弹的数量也由本级前三艘舰的 8 枚增至 12 枚。

关于“戈尔什科夫海军元帅”号航母的“蹉跎历史”曾有过一个极其经典的段子：1998 年，当时的俄罗斯某国家领导人访问印度期间曾表示：俄罗斯有意将“戈尔什科夫海军元帅”号的舰体无偿赠送给印度。时任印度总理瓦杰帕伊，一听说能白得一艘航母，真是喜出望外，连说“好！好！”

2000 年 10 月，刚刚出任俄罗斯总统的普京，便风尘仆仆地前往印度访问，访问期间航母及其舰载机等相关议题是双边会谈的主要内容之一。普京总统在谈到航母问题时，当场表示：航母可以免费给印度，但重新整修、改装，以及舰上装备，乃至批量舰载机的购买、人员训练，以及机队组建等所有费用，需要由印度自行负担。

之后，俄印双方开始谈判，在报价问题上进行了多次磋商，结果使得原本很快就要开始进行的改装工程一拖再拖，大大耽搁了下来。直到 2004

◎ 在俄罗斯船厂船坞里改造“戈尔什科夫海军元帅”号航空母舰

年 1 月 20 日，印度与俄罗斯之间延宕三年多的改装费用拉锯战才终于“尘埃落定”。

双方谈定：整个改装工程由俄罗斯的北德文斯克造船厂负责，印度支付总金额 15 亿美元；其中舰体部分的整修重建将耗资 9.7 亿美元，其余 5.3 亿美元用于舰载机的购置，签约的舰体最后完成工期为 52 个月。

从今天的角度看，“戈尔什科夫海军元帅”号航母尽管有点老旧，但依然称得上是一个海上“巨无霸”。该舰标准排水量 3.8 万吨，满载排水量达到了 4.5 万吨；舰长 283 米，舰宽 31 米，吃水 10.2 米；动力系统为 8 台锅炉、4 座蒸汽涡轮机，采用四轴推进，可输出 20 万匹轴马力；最大航速可达 32 节，航速 18 节时续航力为 1.35 万海里，人员编制 1400 名。

但是平心而论，从作战理念和武器配备上，苏联 / 俄罗斯的航母与美国等西方航母有着很大差异，而且其航母武器搭载与兵力运用相对落伍；毕竟在很大程度上，他们把它定位为一座地地道道的大型“海上武器库”。该舰上飞机搭载数量并不多，共有 12 架或 13 架雅克 –38 战斗机、14 ~ 17

架卡 –25 直升机或卡 –28 直升机，但各型武器装备数量和威力却不小，24 组八联装 SA–N–9 防空导弹垂直发射装置，6 组双联装（共 12 枚）SS–N–12 反舰导弹，2 门 100 毫米舰炮，8 座 AK–630 30 毫米机炮，10 具 533 毫米鱼雷管，以及 2 座十二联装 RUB–6000 反潜火箭发射器，其火力配置几乎和大型巡洋舰或驱逐舰的武器火力相差无几。

经过改装，“戈尔什科夫海军元帅”号航母的舰载机起降模式，变更为与俄罗斯“库兹涅佐夫海军元帅”号航母相同的短距起飞 / 拦阻回收方式，以确保米格 –29K 固定翼舰载机的正常起飞。俄罗斯工程技术人员为此真是绞尽了脑汁，用尽了手段，首先是把舰面上原有的防空导弹与反舰导弹等武器全部拆除，并在舰首加装 14.5° 滑翘角的滑跃甲板；其次，对飞行甲板的结构与布局也进行大幅变更，左舷加长了一段斜角甲板作为飞机降落机动线，并扩大了飞行甲板面积，右舷甲板也向外延伸，在飞行甲板后端设置 3 根拦截索。

改装后，此舰被命名为“超日王”号。

◎“超日王”号（即“戈尔什科夫海军元帅”号）航母甲板布置图

3. 海试事故连连不断

经过七八年时间的改装，2012 年 7 月完工后的“超日王”号（即“戈尔什科夫海军元帅”号）款款驶入巴伦支海，展开为期 124 天的海上测试。最初，“超日王”号航母预定在 2012 年 12 月交付给印度海军，但计划不如变

◎“超日王”号航母舰载机上搭载的武器系统

化。由于航母改装过程中的问题和毛病太多，使得交付航母的时间一延再延；加之俄罗斯北方海域海况恶劣，一到冬天更是险象环生，各种意外事件随时都有可能发生，印度人只能一等再等。

虽然“超日王”号航母最后交付的时间定于 2013 年 3 月。不过，印度人心里始终不踏实，因为不知道下面还会发生什么问题。果真，又出了问题。2012 年 9 月中旬，在“超日王”号航母海上测试期间，又传出了推进系统发生故障的消息。俄罗斯联合造船集团后来也承认：有 3 个锅炉无法以全功率输出，最大航速仅能达到 23 节。面对推进系统频频发生故障这个致命问题，一开始俄印双方仍决定低调处理，先进行其他不冲突的测试项目，包括舰载机起飞与降落测试、检测舰上电子设备和武器系统等。当然，在这之后难度最大的就是米格 –29K 的甲板起降测试，展开时间分别为 2012 年 8 月和 9 月。

4. “超日王”号“凯旋”回国

“超日王”号航母终于可以在2012年9月“凯旋”回厂，但紧接着它还面临着艑装等问题。于是，印度海军高层决定：让上舰操作的400多名印度海军官兵大部分先回国，留下40名军官，到造船厂监督相关的测试工作与剩下的工程作业。不久，新一轮的工程与维修展开了，其中很主要的一项维修工作就是更换锅炉内壁的耐火砖！因为一开始技术人员并没有想到锅炉炉内温度如此之高，炉内壁耐火砖因承受不了长期烧烤，时常发生脱落或毁化的情况。

俄罗斯北德文斯克船厂对该舰的推进系统进行了全面的维修与检查，该修理的修理，该换件的换件。到2013年2月1日，俄罗斯联合造船集团

◎ 在俄罗斯接受改造的印度“超日王”号航空母舰

宣布："超日王"号航母上的锅炉已经全部修复。随即，"超日王"号就等待着拖回到船坞中，为重新出海的测试做准备，包括检查水下船体与螺旋桨推进器等。

2013 年 5 月，修葺一新的"超日王"号航母再度踏上海试的征程。这次海上试航相当得顺利，当年 7 月 ~ 9 月航母海试进入了关键时期和收尾阶段。当年 7 月 28 日，在新一轮海上试航中，该航母跑出了 29.2 节的速度，基本达到了设计要求。8 月初，"超日王"号航母又完成了一项关键指标，通过了蒸汽推进系统的第一阶段测试。8 月下旬，"超日王"号航母又成功进行了米格 –29K 的夜间起降测试。

这次测试一切进展顺利。到了 9 月下旬，"超日王"号便完成所有海上测试。

◎ 修葺一新的"超日王"号航空母舰

11 月 16 日，北德文斯克军港专门举行了一场颇为隆重的交接仪式，俄罗斯正式向印度移交了这艘修葺一新“超日王”号航母。印度一共花了 23.5 亿美元后，总算拿到了“超日王”号航母。

印度“超日王”号航空母舰性能参数

基本参数	
舰长	283 米
舰宽	31 米
吃水深度	10.2 米
标准排水量	38000 吨
满载排水量	45500 吨
飞行甲板	长 283 米，宽 51 米
舰员编制	1400 名
参考性能	
续航距离	4000 海里
续航力	13500 海里 /18 节
动力装置	
主机	8× 锅炉　4× 蒸汽涡轮 /140000
传动	四轴推进
武器系统	
舰载机	米格 -29K 战斗机 卡 -28 直升机 卡 -31 预警直升机 HAL 直升机 雅克 -38 战斗机
舰炮	2 门 100 毫米舰炮、8 座 AK-630 30 毫米机炮
导弹	24 组八联装 SA-N-9 防空导弹垂直发射装置 6 组双联装（共 12 枚）SS-N-12 反舰导弹
其他	10 具 533 毫米鱼雷管 2 座十二联装 RUB-6000 反潜火箭发射器

八、中国航母发展日新月异

1.“瓦良格”号航母有了新归属

时间退回到2001年11月3日，欧洲爱琴海斯基罗斯岛附近的国际海域发生了一场历史记录上从未有过的大风暴，由6艘拖船拖曳的“瓦良格”号航母犹如一匹脱缰的野马，在海上失去了控制，横冲直撞。刹那间，它与拖船连接的拖缆相继被挣断，并迅疾向埃维亚岛漂去，一度距该岛岸边仅剩80千米。

经过各方救援人员竭尽全力的抢救，加上老天开恩，最后总算控制了这艘海上巨舰。此时，只见空中飞来的一架“希腊”级救援直升机，几经折腾后稳稳地停在了航母甲板上，救起了船上的7名船员。4天后，即11月7日，“瓦良格”号终于被3艘拖船和1艘希腊船只用拖缆牢牢控制住。从风暴中脱险后的“瓦良格”号航母，似乎验证了“大难不死，必有后福”的古训，此后一路航程变得颇为顺利。它先经地中海，穿越直

◎ 舰载机从“辽宁”号航空母舰上起飞

◎ 中国第一艘航空母舰“辽宁”号

布罗陀海峡（苏伊士运河不允许其通过），再出大西洋。2001 年 12 月 11 日，该航母绕过非洲好望角进入印度洋，又经莫桑比克的马普托，于 2002 年 2 月 5 日通过马六甲海峡。一个星期后，抵达新加坡外海，2 月 12 日进入南中国海。

历尽艰险的“瓦良格”号航母，终于在 2002 年 3 月 3 日凌晨抵达大连。早晨 5 时许，在 6 艘拖轮及 1 艘引水船的引领下，离开了大连港外锚区，徐徐向内港进发。这 6 艘拖船呈前 3、后 3 排列，以确保“瓦良格”号始终保持平衡。上午 9 时许，“瓦良格”号抵达内港。中午 12 时整，这艘老旧航母安全靠泊在大连内港西区 4 号散货码头，圆满结束了耗时 4 个月（123 天）、航程达 1.52 万海里的艰难远航。

2005 年 4 月 26 日，中国海军正式开始启动改造“瓦良格”号航母的工程；2012 年 9 月 25 日，中国第一艘航空母舰在中国船舶重工集团公司大连造船厂正式交付海军，中华人民共和国国防部网站正式公布将“瓦良格”号更名为“辽宁”号。

2. 焕发青春的“辽宁”号航母

“辽宁”号航母问世时堪称中国海军第一大舰，当时无论是其块头还是吨位，中国海军所有舰艇均无出其右。该舰长 304.5 米，宽 75 米，吃水 10.5 米；满载排水量约 6.5 万吨；最大航速 29 节，7000 海里 /18 节；自持力达 45 天。该舰的“心脏”——动力系统，凝聚了中国人的智慧与心血，是在国内众多工程技术人员的联合攻关努力下成功研制完成的，达到了原“瓦良格”号航母的动力装置水平，采用 4 台蒸汽轮机、8 台增压锅炉、4 轴推进，总功率达到 20 万马力。

知识链接

霹雳-8/9近距空对空导弹

霹雳-9（PL-9）空对空导弹是中国自行设计制造的新一代空对空导弹。它的气动外形布局与霹雳-5乙（PL-5B）相似，而结构与霹雳-8（PL-8）大致相同（即导弹分为前、后两个舱段，以利于维护使用）。该导弹弹长2.99米、弹径0.16米，弹重123千克，弹头重12千克，最大射程15千米，最大过载40G；采用被动红外制导方式。

歼 –15 舰载机被誉为该航母上最威猛的“铁拳”。它是在参考苏 –33 舰载机的基础上，融合了歼 –11B 战斗机的技术，同时新增鸭翼，配装 2 台大推力发动机，采取了机翼折叠，全新设计了增升装置、起落装置和拦阻钩等系统，使得飞机在保持优良作战性能的条件下，实现了出色的着舰性能。歼 –15 舰载机有着不俗的制空作战能力，且因是海军舰载型号，所以对海攻击能力格外突出，机上安装有一门 30 毫米机炮，并可携带现役所有的国产精确打击武器，包括“霹雳”–8/9 近距空对空导弹、“霹雳”–12 主动雷达制导远距空对空导弹、“鹰击”–91 超音速远程反舰 / 反辐射导弹、“鹰击”–8 空对舰导弹、KD–88 远程空舰导弹、“飞腾”–2 型反辐射导弹，以及“雷石”系列制导炸弹等，甚至可以使用国产“鹰击”–62 重型反舰导弹。

到 2018 年 7 月，“辽宁”号航母已驰骋海疆 6 个年头了，到了它需要维修保养的日子了。2018 年 7 月 10 日清晨，中国首艘航母“辽宁”号接替国产首艘 001A 型航母，进入大连造船厂的船坞进行维修，后者则出船坞进行舾装。这表明，中国两大航母首次在大连造船厂内“双舰合璧”。“辽宁”号入役后的首次大修以及首艘国产航母舾装时长均为 1 年左右，首艘国产航母在进行多次海试合格后正式交付海军。

对于航母来说，定期检修是其重新焕发战斗力的重要手段。根据国外航母经验，一艘航母的大修、中修、小修等维修时间加起来约占据航母全寿命的三分之一。小修可直接在码头或舰上进行，中修和大修一般在建造厂船坞进行。一次大修时长在 0.5 ~ 3 年，一般来说，常规动力航母可以在 2 年内完成，通常 1 年左右即可；核动力航母的检修可长达 3 年，因为核动力装置的维修和更换堆芯比较复杂，时间相对也更长。航母一旦进坞检修，重大军事演习和训练则需要暂停进行。

“鹰击”–91 超音速远程反舰/反辐射导弹

“鹰击”–91超音速远程反舰/反辐射导弹是在俄罗斯KH–31P导弹基础上，中国自行研制的新型高建反舰/反辐射导弹。该导弹的中部和尾部弹体采用通用弹体，采用组合式火箭/冲压发动机。“鹰击”–91导弹弹长4.7米、弹径0.36米，弹重600千克，最大速度1190米/秒，最大射程超过110千米；反舰型采用主动雷达导引头和半穿甲爆破战斗部。

◎ 歼-15舰载机

在经历了长时间、高强度的训练以及海上复杂的气象和海况的洗礼，此时急需对“辽宁”号航空母舰上各系统进行一次全面检测、维修和保养。“辽宁”号从下水、入列至今，仅往返南海就达10余次，面对海上的温度差、盐度差、湿度大、海风烈等各种复杂海况，在如此长时间的高强度训练和风雨淋晒之后，航母的几个大系统、几十个中系统和几百个小系统的各部件都有可能会产生锈蚀、磨损和毁坏，甚至还可能存在一些重大的隐患等，好比汽车跑了相当长的路程或较长年份后要进厂检修一样。航母通常每6～8年要进行一次全面检修，更换部分部件或维护保养，这是一项非常重要且艰巨的任务，因为这是我国第一次检修航母，所以需要边进行、边摸索和总结经验。

该舰原来甲板前端有部分苏联制造装设导弹部位的钢板，改装时焊接了国产钢板。在6年时间里，舰载机在两种不同材料焊成的甲板上进行高强度起飞和降落，长时间高强度撞击后的甲板是否有变化；海水和海风是否对其产生侵蚀；船底与海水长期接触，是否附着大量海生物，影响航速或者侵蚀破坏船底油漆；动力系统中，锅炉内壁长期炙烤有无脱落或毁坏。这些可能出现问题的重点部位，都将进行认真检修、更换和维护保养。

3. 首艘国产航母载入新史册

2018 年 5 月 13—18 日，国产首艘航母“山东”号完成首次海上试验任务后返回大连造船厂，之后离开船坞进行舾装工作；舾装完成后，再经多次海试合格后，整个“山东”号航母的舾装工作于 2019 年 12 月 17 日正式交付中国海军。其间新装阻拦索、喷气挡板等拦阻系统和起飞系统，以及电缆和管线等设施，调试雷达等航电系统，还安装了多种武器系统。此外，相关部门和人员还对航母的各个子系统进行了反复的调试和联试。

两艘航母在大连造船厂的“双舰合璧”表明，我国航母建造与维修保养的能力进一步增强。2024 年 5 月，中国第三艘航空母舰“福建”号出海顺利完成首次航行实验。也就是说，我国已可以同时设计、建造、舾装，以及维修保养多艘航母，在世界上只有为数不多的国家具备这种能力。

◎ 首艘国产航空母舰“山东”号

九、英国“伊丽莎白女王”级航母

1. 石破天惊的重大决定

长期以来，英国人对航空母舰的情愫要比其他国家民众更为强烈、更为迫切！毕竟英国曾是所谓的“日不落帝国”，有过“世界第一海军”的光环。1996 年，英国国防部经多次研讨、论证后，正式公布了一项初期评估结果：皇家海军有必要立即研制 2 艘排水量 3 万 ~ 4 万吨级航母！这在当时无疑是一个石破天惊的重大决定。

作出这样的决定，很多人或许很难理解，为何长期以来，曾经作为头号海上军事强国的英国一直只发展与使用小型航母，而与大中型航母始终无缘，这实在与如今的地区大国地位太不相称了。

总之，这回英国皇家海军真真发了狠：要研制一级中大型航空母舰，而在其后的建造过程中，这级航母又逐渐演进成大型航母，且要求舰上能

◎ 英国“伊丽莎白女王”号（R08）与“威尔士亲王”号（R09）航空母舰

搭载40余架固定翼飞机，并及早用其取代现役的3艘“无敌”级航母。

实际上，英国人对于航空母舰有着一种特殊的喜好与偏爱，并且一直将其视为大国地位的象征。在“二战”期间，英国曾是拥有世界第二航母数量的大国海军，其中包括30余艘航母及数10艘护航航母。“二战”后，英国经济开始明显衰落，且来自他国海上威胁日渐减少，造船工厂大幅缩减产量或倒闭，使得英国传统造船强国地位下降，船舶订购和建造数量急剧减少，航母的研发与建造数量也随之明显减少。1973—1978年的5年时间里，英国总算摆脱了不造航母的梦魇，一口气连续建造了3艘“无敌”级航母，不过这些航母的满载排水量均只有2.06万吨，属于小型航母范畴，这对于想挽回大国地位的英国海军来说，并没有增添多少光彩。

1982年，英阿马岛海战爆发，由英国刚服役时间不久的“无敌”号航母和“竞技神”号航母组成的两支航母编队大展身手，派上了大用场。其上搭载的20余架“海鹞”短距起飞/垂直起降战斗机，在其他兵力兵器的配合下，很快就夺取了马岛周边海空域的制空、制海和制电磁权，为取得最终的海战胜利奠定了坚实的基础。

◎ 英国“伊丽莎白女王”号航母舰艏

海战中，航空母舰的特殊功能和重大作用，再次勾起英国人浓厚的航母传统情结。他们深刻地认识到：只有航母才能在地区冲突爆发时提供足够的战力，才能在需要时迅速地将兵力兵器投放到世界上任何一个地点，才能有效地与盟国海军协同作战。

可惜的是，多年来英国军费一直不够充裕，且时常传来大批舰艇要削减的消息，英国海军不为所动，坚持要发展中型航空母舰，经过与财政部反复磋商后，最终于 2003 年 1 月 30 日，英国国防大臣宣布：泰雷兹集团的航母设计方案胜出，但 BAE 系统公司将是主要承包商，而泰雷兹集团为主供应商，其中 BAE 系统公司将获得建造比例与总经费的三分之二，而泰雷兹集团则占建造比例与总经费的三分之一。

知识链接

核潜艇跟踪航母“追尾肇事”

1985年，那是一个傍晚，训练返航的“小鹰”号航空母舰航行在日本海上。舰员们三三两两地在甲板上乘凉，马上就到达设在日本的母港了，于是便开始放松起来。而此时的声呐室里，几名声呐兵丝毫没有受舰上轻松气氛的影响。舰长早就告诫过他们，苏联的核潜艇就喜欢跟踪航空母舰，而且还很难发现。

苏联的K-469号潜艇曾经在太平洋海域连续7昼夜紧紧跟踪“里根”号航母战斗群而没被发现；1956年，另一艘苏联潜艇K-181号跟踪了“萨拉托加”号航母4昼夜。

◎ CVF新一代航母早期推出的弹射方案

2.“伊丽莎白女王”级的优长

“伊丽莎白女王”级航母一出手，它的满载排水量就比原先的计划排水量几乎翻了一番，增至6.5万吨。首制舰“伊丽莎白女王”号于2009年7月7日开工，2014年7月4日下水。2艘航母分别花费38亿英镑（超过50亿美元），其建造目的在于替代3艘“无敌”级航空母舰。

令很多英国民众满怀激情的2017年12月7日这天，在英国朴次茅斯港，皇家海军“伊丽莎白女王”号航母举行服役仪式。英国女王伊丽莎白二世出席典礼，并亲自登上这艘以她名字命名的航空母舰。“伊丽莎白女王”号不仅填补了英国多年来中大型航母的空缺，而且以6.5万吨的满载排水量，创造了英国海军航母吨位的最高纪录。该舰于2018年开始进行飞行试验，2020年形成初始作战能力。该级2号舰“威尔士亲王”号于2019年12月10日正式服役。

虽然都没出什么危险，但身后跟着一条“深海鲨鱼”总让人觉得不是滋味。

“小鹰”号航母庞大的身躯突然震动了一下。与此同时，声呐里传来一声巨响。

舰长下令：全面启动反潜系统！检查伤损情况！全速返航！回到母港后“小鹰”号终于发现了异常：舰底有一大块被碰撞的痕迹。苏联潜艇进行了长时间跟踪，最后可能因为距离太近，形成了“追尾”。

◎ 英国“伊丽莎白女王”号航空母舰

R08

“伊丽莎白女王”级航母作为英国海军史上最大的战舰，是英国任何一家造船厂都无法单独完成建造的，为此采取了大型模块分段建造策略，即将巨大的舰体划分为 6 个舰体超级分段、6 个中间分段、12 个舷台分段和 2 个岛式上层建筑，由 4 家公司的 6 家造船厂共同建造，最后再将这些舰体分段运往罗赛斯造船厂进行总装。不过，因美国 F–35B 战斗机开发得并不顺利，英国曾一度考虑改为搭载开发较为顺利的 F–35C 战斗机；而在此期间，航母的建造进度也一再被推迟，这样美国战机的拖延反倒显得无关紧要了。

为了确保“伊丽莎白女王”级航母航行与电力方面的要求，英国人首次在该型航母上采用 2 台罗尔斯·罗伊斯生产的单机功率为 36 兆瓦的燃气轮机，其成为世界上第一艘采用综合电力推进系统的航母。与传统的蒸汽轮机、机械传动相比，这种先进动力系统在功率方面虽存有差距，但在系统占舰内体积比例、动力系统质量、动力分配灵活性等方面具有很大优势。

“伊丽莎白女王”级航母的各种技术性能指标十分可观。舰长 280 米、舰宽 73 米；飞行甲板总面积约 1.6 万平方米，涂有防滑抗热涂装，舰首设有一个仰角 12° 的滑跃甲板，最多能容纳 40 架左右舰载机，包括 4 架直升机和 36 架 F–35B 战斗机，机库最多可容纳 2 个中队共 25 架 F–35B 战斗机。

◎ 英国“伊丽莎白女王”号航空母舰

英国“伊丽莎白女王”号航空母舰性能参数

基本参数	
舰长	280 米
舰宽	73 米
吃水深度	11 米
满载排水量	65000 吨
飞行甲板	16000 平方米
机库面积	4200 平方米
舰员编制	1600 名（包括航空人员）
参考性能	
航速	27 节
续航力	10000 海里 /18 节
动力装置	
主机	2 台单机功率为 36 兆瓦燃气轮机
传动	双轴双桨
武器系统	
舰载机	最大可载 40 架飞机（4 架直升机、36 架 F-35B 战斗机）
舰炮	4 座 DS30B 型 30 毫米舰炮
其他	3 座美制“密集阵”近程防御武器系统，以及箔条、诱饵、电子等被动式干扰设备

◎“伊丽莎白女王”级航母搭载的 F-35B 战斗机

在通常情况下，该航母舰载机搭载方式为 24 架 F–35B 战斗机和 10 架 EH–101“灰背隼”直升机，或者 45 架“海王”级的中型直升机。在搭载 36 架 F–35B 的情况下，该航母在作战首日可出动 108 架次的战斗机，与美国超大型航母的 20 天仍可维持每日 136 架次的水平相接近。在开战的前 5 天内，该航母最多能出动 396 架次，而已退役的“无敌”级航母则只能出动 50 ~ 60 架次。最为关键的是，该级航母能在 15 分钟内让 24 架飞机起飞，并能在 24 分钟内回收 24 架飞机。

但是，相比其他方面，“伊丽莎白女王”级航母的防御手段较差，只装有 3 座美制“密集阵”近程防御武器系统和 4 座 DS30B 型 30 毫米舰炮，以及箔条、诱饵和电子等被动式干扰设备。仅凭这些武器和设备，它的防御体系很难抵挡住对方战机和导弹的多方向、多层次、多批次的猛烈攻击。

十、美国“福特”级航母

1.“紧锣密鼓”早早开建

其实，“福特”级首制舰“福特”号龙骨安放仪式，早在 2009 年 11 月 13 日便于纽波特纽斯造船厂启动了，此后，各项建造工作始终在紧锣密鼓地进行之中。特朗普的这次造访与讲话，只不过是表示他对航空母舰的“特殊关心”，以及对扩充航母数量的坚定支持。

一厢情愿的美国海军高官曾多次表示：“福特”号航母完全可以在 2015 年 9 月交付海军，以接替服役已超过半个世纪的美国海军第一艘核动力航空母舰“企业”号（CVN–65）。当然，纽波特纽斯造船厂的董事会主席及总经理听到这话最为高兴，因为如此一来，造船厂几万职工今后几年的工资也就有了着落。

“福特”级首制舰“福特”号的研发与建造总经费共将耗资 137 亿美元，其中研发经费为 32 亿美元，建造费用（含所有先期的规划、准备）则高达 105 亿美元 ，而且有 1/3 的经费早在 2001 年就已编列作为前期款项。更令

◎ 美国“福特”号航空母舰舰桥

人惊喜的是，“福特”级航母首批一共要建造 3 艘，总计耗资 360 亿美元，其中 317.5 亿美元为建造经费，43.3 亿美元是研发经费，从而成为美国海军有史以来造价最昂贵的舰艇。

纽波特纽斯造船及船坞公司是当今美国建造航空母舰唯一的大型私营厂家，主要负责建造美国海军的核动力航空母舰、50% 以上核动力潜艇和 50% 驱逐舰，它也堪称当今世界上最大的航空母舰建造厂。美国现役的 10 艘“尼米兹”级核动力航空母舰和已经退役的“企业”号航空母舰，全都出自该厂。

2. 采用更强劲的航母“心脏”

“福特”号航母采用了60%以上的高新技术，使之具备许多“过人之处”，堪称集百年航空母舰优长之大成者。

该航母采用了最新型的大功率一体化核反应堆，整体性能得到质的提升。大家都知道，现役的“尼米兹”级核动力航母装设有A4W核动力装置。虽然该装置能以30节以上的高速推动航母长时间的连续航行，但每隔七八年多至十几年，就必须更换一次核燃料（堆芯）。该装置占用航母上的空间比较大（尽管航母整个空间体积比较大，似乎并不太影响航母整体空间配置与安装），且它的维护保养及安全防护措施相当复杂、烦琐。也就是说，“尼米兹”级核动力航母在其约50年的寿命期当中，必须进厂更换好几次核燃料。

如此一来，不仅要耽误很长的时间（更换核燃料是个工程量较大的动

◎ 吊装中的美国“福特”号航空母舰（CVN-78）动力系统

◎ 航母上的核反应堆堆芯

作，属于中期以上大修，通常在更换核燃料的同时，还会对整个舰体和设备进行大范围的升级改装，因此一般要跨越两个财政年度或者更长时间），而且要耗费大量的财力、物力，严重影响整个航母的在航率。

“福特”号核动力航母全面“脱胎换骨”，采用了更先进、更强劲的 A1B 核动力装置，可以保证 50 年不用进厂更换核燃料（理论上）、设施维护保养。不仅占用舰上的空间明显减少，而且更换核燃料和维护保养成本也都大幅降低；安全性、可靠性等方面，也都得到明显的改善和加强，从而保证航母在航率得以显著提升。

3. 配备更先进的武器装备

“福特”号核动力航母上配备有各种新一代、高性能的舰载机，从而使得舰机协同及全舰综合作战能力等均得以大幅度的提升。该航母所搭载

F/A-18E/F“超级大黄蜂”升级版三代战斗机
大量采用信息化和智能化设备，全面支持网络中心战，可与其他武器和军种实现“互联、互通、互操作”
78
双频雷达
BOEING
Echo Voyager
舰载无人潜航器

舰载X-47B隐身无人机

美第四代战斗机——F-35C

E-2D“先进鹰眼”预警机

电磁弹射器

的 70 余架各型舰载机中，包括数量较多的第四代 F–35C“闪电”Ⅱ战斗攻击机，部分三代 F/A–18E/F“超级大黄蜂”战斗机，以及 E/A–18G“咆哮者”电子攻击机、E–2D“先进鹰眼”预警机、MH–60B 直升机和“黄貂鱼”隐身无人加油机等。F–35C“闪电”Ⅱ战斗机具备优异的隐身性能和超高的机动性，采用推力矢量喷管，虽不具备超音速巡航能力，但却具有极佳的生存能力，尤其是该机的搭载与航母本身形成的适配性相当出色。在复杂电磁环境下，该机的战场信息感知能力也很强，在未来海空作战中拥有一定的优势。但是相比较而言，美国海军航母下一步配备的舰载机全部为 F/A–18E/F 和 F–35C。这两种飞机的作战半径较短（即通常所说“腿短”），无法深入到对方纵深实施打击作战，“黄貂鱼”的使用，可克服上述两种战斗机自身油量的不足，从而加大作战半径。

4. 起点很高的起飞电磁弹射装置

“福特”号航母使用起点更高、技术含量更多的电磁弹射器和先进的拦阻装置，从而使整个航母编队作战效能更高。在当今世界 8 个拥有航母的国家中，真正采用蒸汽弹射器的只有 2 个国家。除美国外，还有法国，而其他国家全都采用比较传统、技术相对简单的滑跃起飞方式。

美国“尼米兹”级核动力航母上所使用的蒸汽弹射器，全部为 C13 型系列。其中，已退役的“企业”号和“尼米兹”级前 4 艘航母装备的是 C13–1 型，而“尼米兹”级后 6 艘则装备了 C13–2 型，即在首部起飞区布置 2 部，斜角甲板起飞区布置 2 部。无论是首部甲板，还是斜角甲板，蒸汽弹射器主体均位于飞行甲板的正下方，布置在一个 1.07 米高、1.42 米宽、

知识链接

F–35C“闪电Ⅱ”战斗攻击机性能

唯一一种已服役的第五代隐身舰载战斗机（中国称为第四代），为了确保在航母上使用，美国洛克希德·马丁大国加大了原型的机翼主翼及垂直尾翼面积增加，且两侧机翼可以折叠；为了适应航母甲板起降时的强力冲撞，F–35C的起降架比A/B两种型号更加粗壮，改为了双轮；并安装和强化了舰载机的尾钩。F–35C无论在雷达隐身和红外隐身方面均十分突出，不仅减小了被对方发现的距离，而且全机的高

◎“福特”号航母上搭载的第四代 F-35C“闪电Ⅱ”战斗攻击机

101.68米长的开口槽内，总体积1133立方米，整个系统全质量486吨。其中，C13–1的动力行程增加到91.41米，总行程也随之增加到99.01米，蒸汽排量达到32.508立方米，从而具备了在无甲板风的情况下弹射飞机的能力。经过几十年的不断改进与发展，美国航母上的蒸汽弹射器虽然技术日臻成熟，但因其内在的缺陷和本身结构性问题，尤其是缺乏反馈环节，导致牵引力最大峰值经常出现损失。

达散射及红外辐射中心都发生改变，导致来袭导弹的脱靶率增大。据称，该机的前向雷达反射截面积仅为0.1平方米，使其超视距空战效能大为增强。除出色的隐身能力外，还有强大的对地攻击武器，可对敌方地面和海面目标实施渗透和打击，完成“踹门”任务。还可通过搭载“标准”–6防空导弹攻击400千米范围内的掠海飞行目标。

美国“福特”级“福特”号航空母舰新技术一览表

福特号新技术	能力提升
双波段雷达（DBR）	通过工作可用性的提高和舰岛体积的缩小，减少人员编制，提高飞机出动架次率
先进阻拦装置（AAG）	提高飞机出动架次率，减少人员
飞机电磁弹射系统（EMALS）	减小舰载机的物理压力，提高飞机出动架次率，减少人员
先进武器升降机	提高装载能力，提高飞机出动架次率，减少人员
“改进型海麻雀”导弹联合通用武器链	对抗密集空袭能力提高，减少舰上人员
重型航行中补给系统	提高补给作业速度，加快 F-35C 动力模块更换，提高飞机出动架次率
等离子体垃圾处理系统	利用极端温度以 3084 千克 / 日的处理能将垃圾转变为挥发性气体，减少人员
新型核动力推进系统	提高发电量，减少人员配备，降低反应堆质量，增加稳定性裕量
反渗透海水淡化系统	不需要蒸汽分配系统即可淡化海水，减少人员，提高工作负荷和稳定性裕度
高强度低合金结构钢（HSLA-115）	用于飞行甲板，比传统钢材更硬更轻，提高工作负荷和稳定性裕度
高强度低合金钢（HSLA-65）	用于舱壁和甲板，比传统钢材更硬更轻，提高工作负荷和稳定性裕度
新型氧气液化装置	新型氧气制冷机，提高了效率，且运行可靠，寿命长
新型电制转换装置	新型舰载机用电适配装置，既可提供 115 伏 /400 赫兹交流电，也可提供 270 伏直流电

尽管美国目前拥有蒸汽弹射器的全套技术以及技术优势，但却在很早之前就开始研发更高起点的电磁弹射器和电磁拦阻装置。美国海军希望通过使用最先进的电磁弹射器，能在 2 ~ 3 秒内输出 122 兆瓦的能量，从而使质量达 30 吨的舰载机能在较短时间内加速到起飞速度。

试验证明，“福特”号核动力航母可在弹射的瞬间，把全部电力集中到电磁弹射器上，通过采用包括电机转子动能储能方式等一些先进的技术，产生出功率较大且可控的电流，来供电磁弹射器弹射舰载机使用。

◎ “福特”号航母上的电磁弹射器

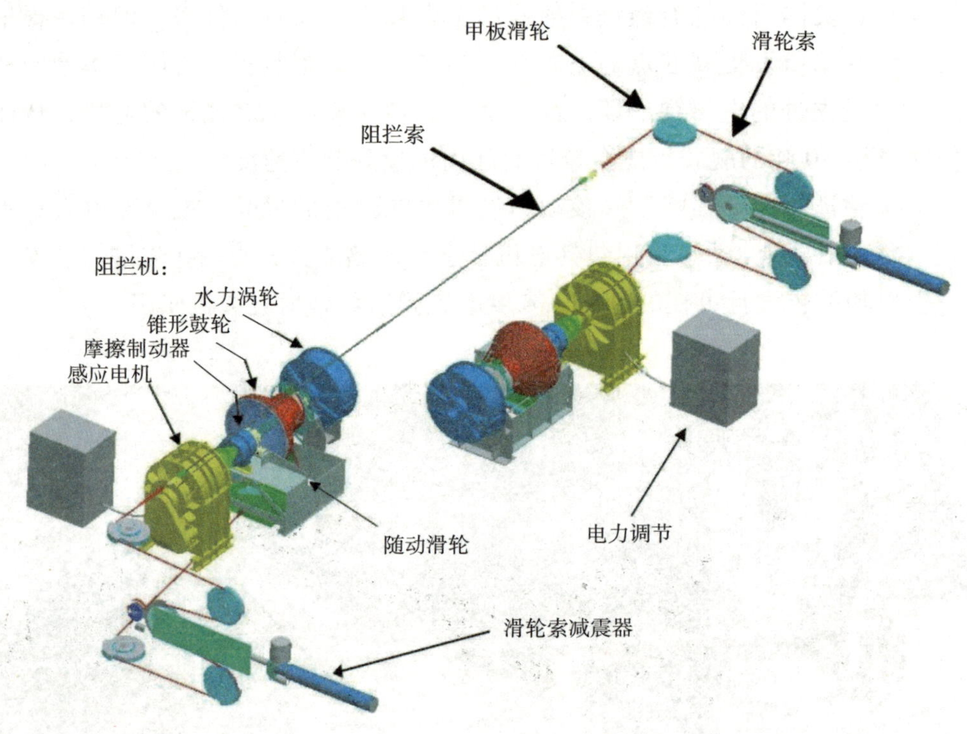

◎“福特”号航母拦阻装置

5.“新概念武器”，将使其身手不凡

全面换装多型新概念武器，是美国军方和海军高层对“福特”号航母的要求。这些新概念武器包括：高能激光武器、电磁轨道炮、高能粒子束武器等，从而达成对现役航母上传统防御武器的彻底“更新换代”。

目前，各国航母上的防御体系，尤其是对空防御武器，主要是由航母本身所搭载的舰载机与有限的防御武器，以及护航舰艇所配置的各种防御武器组成。例如，美国海军现役“尼米兹”级核动力航母上所配置的防御武器通常有：射速 2.5 马赫、射程 14.6 千米的 RIM–7M“海麻雀”舰空导弹，射速 2 马赫、射程 9.6 千米的“拉姆”舰空导弹，以及 2 座或 4 座 MK–15“密集阵”近防武器系统（射程 1500 米、发射率 4500 发 / 分）。

相较而言，美国现役“尼米兹”级航母编队的对空防御能力已相当不错，但一旦遇到对方多种武器实施“饱和攻击”，往往会出现抗击手段不足，拦截变得力不从心，并将导致全舰受损严重，无法形成战斗力。经过多方权衡和反复比较，美国海军认为，唯有采用舰载新概念武器，组成未来航母的新防御体系，特别是对空防御作战的“撒手锏”武器，才有望彻底改变目前航母对空防御的被动与日渐不利的局面。

通过试验和分析比较，美国海军高层认为：在“福特”号航母上装备电磁轨道炮、高能激光炮、高能粒子束武器等多种新概念武器，必须分步骤实施，不能一齐上。最先布置的有可能是射程超过 300 千米的电磁轨道炮，该炮主要利用电磁系统中电磁场的作用力来发射炮弹，具备反应迅速、攻击能力强、火力转换快、命中率高、污染小等特点。它可将一枚 300 克重的弹丸瞬间加速到 4000 米 / 秒，而一般步枪的射击速度只有 1000 米 / 秒，因此前者的拦截和攻击能力都将大大优于现有的各型舰载导弹和火炮。目前，美国海军还在加紧开发和试验功率达 20 兆瓦、能及时快速拦截来袭的各种导弹和低空飞机的高能激光武器，试验的效果也相当理想。

◎“福特”号航母上装备的高能激光武器

其他国家，如中国、俄罗斯在新概念武器的研发与使用方面也取得了积极、有效的进展，其中电磁轨道炮、激光武器等也已经进入载舰试验阶段。

6. 舰载“千里眼”变得更明亮

“福特”号航母对于探测、搜寻、跟踪和定位系统也非常重视，采用了多部最新研制的高性能雷达，能有效地搜寻发现各种目标，大大提高了该航母对付高超音速目标的能力。例如，“福特”号航母采用双波段搜索和跟踪雷达（DBR），与“尼米兹”级航母采用的SPS-48雷达相比，DBR最大的优点就是提高了该航母对付高超音速目标的能力；DBR是二维电子扫描，当它探测到目标之后，可以迅速调转波速目标，对目标进行精确判定，因此目标关联速度较快。即使在目标速度、数量增加的情况下，仍然可以迅速确认目标，继而快捷、可靠地引导武器系统进行高效拦截；即一部雷达可完成原来需要几部雷达才能完成的工作任务。

除上述的五大优点之外，“福特”号航空母舰还重新设计了飞行甲板和上层建筑布局，提高了舰载机出动架次率，减少了人力，提高了生存性，提升了全寿命周期改造升级的潜力等。

◎ “福特”号航母上装备的电磁轨道炮

◎ “福特”号航母采用的双波段搜索和跟踪雷达（DBR）

◎ 美国“福特”级首舰“福特”号航空母舰（CN78）

美国“福特”级“福特”号航空母舰性能参数

基本参数	
舰长	332.85 米
舰宽	40.84 米
吃水深度	12.4 米
标准排水量	101600 吨
满载排水量	112000 吨
飞行甲板	长 332.85 米，宽 78 米
机库面积	25958.4 平方米
舰员编制	船员 4660 名，航空人员 600 名
参考性能	
航速	大于 30 节
续航力	食物可储存 60 天
最大航程	无限
动力装置	
主机	2 台 A1B 压水式核反应堆，4 台汽轮机，功率 104 兆瓦
传动	4 轴 4 桨
武器系统	
舰载机	F-35C 战斗机 22 架，F/A-18E/F 攻击机 22 架，E-2D 预警机 5 架，EA-8G 电子战机 5 架，MH-60S 直升机 8 架，MH-60S 反潜直升机 11 架 C-2A/CV-22 运输机 2~3 架，舰载无人机 4~6 架（共计 82 架）
导弹	2× 八联装改进型“海麻雀”RIM-7M 航空导弹发射装置 2×“拉姆 / 公羊”RIM-116RAM 航空导弹发射装置
其他	3×“密集阵”近程防御武器系统

第4章

航母的未来发展

一、航母吨位日趋加大

航空母舰问世百余年来，始终存在着大小航母孰优孰劣这个争论话题。不过多年来，赞成大航母的似乎占据航母拥有国的主流，但是偏爱小型航母的也大有国在（原因多种多样，其中最主要的是缺资金、缺技术、缺人才）！

一个不争的事实就是各国航母几乎无一例外，不管是购买的，还是建造的，吨位都越来越大（都比本国先前的航母要大许多）。

◎美国“福特”级“福特”号航空母舰

1. 美国

美国最为典型，“二战”期间美国先后造了 151 艘航母（包括重型航母 25 艘、轻型航母 10 艘、护航航母 116 艘），但满载排水量大都在 4 万吨以下。战后，美国设计与建造的航母级别不断更新，而吨位和个头也在急速增大。“二战”后建造的第一级“福莱斯特”级常规动力航母满载排水量已超过 8 万吨，舰长也达到了惊人的 331 米，吃水超过 11 米，飞行甲板面积已近 3 个足球场大小。其后的“小鹰”级满载排水量逼近 8.4 万吨；第 1 艘核动力航母“企业”号约为 9 万吨，至于 10 艘“尼米兹”级核动力航母中，前 4 艘：“尼米兹”号（CVN–68）、“艾森豪威尔”号（CVN–69）、“卡尔·文森”（CVN–70）和“罗斯福”号（CVN–71）的满载排水量均为 9 万多吨，而从第 5 艘开始，“林肯”号（CVN–72）、“华盛顿”号（CVN–73）、“斯坦尼斯”号（CVN–74）、“杜鲁门”号（CVN–75）、“里根”号（CVN–76）和“布什”号（CVN–77）的满载排水量均超过 10 万吨，俨然就是一只只海上“超级巨兽”。至于最新的“福特”级“福特”号航空母舰吨位更是大得惊人，仅标准排水量就超过了 10 万吨，满载排水量甚至超过 11 万吨，很有“天下战舰，舍我其谁”之势！

2. 其他国家

其他有能力设计与建造航空母舰的国家，近些年来也都推出各种适合本国特点和作战需求的航母。例如，英国已分别服役和下水了 2 艘已跨入大型航母行列的“伊丽莎白女王”号和“威尔士亲王”号，其满载排水量均达到 6.5 万吨，是已退役的“无敌”级航母满载排水量的 3 倍多，它们的飞行甲板面积（1.6 万平方米）也接近两个足球场面积。俄罗斯的“风暴”级核动力航母是俄多次提上议事日程，却又多次下马的下一代可能研制的大型航空母舰，满载排水量近 10 万吨，装设有滑跃式和电磁弹射 4 条跑道，可搭载舰载机 70 ~ 90 架；如果真能问世，将是一艘地地道道的

大型航母。就连意大利这样只能建造或者格外偏爱小型航母的国家，继满载排水量 1.385 万吨的“加里波第”号航母之后，又推出了满载排水量达到了 2.7 万吨“加富尔”号航母，后者满载排水量正好是前者的 2 倍（但仍属于小型航母）。

航母发展史表明，不论航母强国或大国，还是只能建造、支撑中小航母的国家，未来航母都将出现满载排水量明显增加、块头日渐增大的势头。

二、航母实现全面隐身

航空母舰越造越大，暴露的问题自然就越来越明显。那么，面对日益庞大的目标如何隐身？这么大的一个家伙，都要在哪些方面进行隐身呢？主要依靠哪些手段和措施来隐身？航母隐身对现代海战会带来什么影响？

近些年来，各种大小舰艇的“隐身潮”正日益风靡各国海军，自然包括拥有航母的国家海军，可以说现代航母越来越重视隐身，经过隐身后的航空母舰将对现今及未来海战起着不可低估的影响与日渐重大的作用。通过把近年来刚刚服役的航母，乃至许多国家正在设计与建造中的最新航母，以及超前规划与设想中的未来航母综合起来看，它们的隐身主要从以下四个方面着手：

知识链接

航空母舰母港选址标准

由于航母，特别是大型航母较普通水面舰艇吃水深，靠泊机动性差，伴随舰艇较多，综合保障要求较高。

母港一般都是水温适中、气候适宜的不冻港，并尽可能避免选择在风灾高发区，在一些受台风（飓风）影响的地区，还应设置防风锚地，诺福克基地在切萨皮克湾中央设置了8处大型舰艇锚泊位，以作应急之需。

在地质条件方面，母港既要考虑航道水深，还要兼顾风浪情况的影响，根据地理位置

1. 雷达隐身

对航母的舰体、舰岛、桅杆、舷侧及飞行甲板等都进行了精心的隐身设计和巧妙布局。以美国 2017 年新服役的“福特”号航母为例，该航母飞行甲板上的舰岛被优化设计、建造得极小，且设置在右舷侧更靠后部的位置，舰岛的楼层数也由“尼米兹”级航母的 3 层改为“福特”级的 2 层。英国皇家海军的“伊丽莎白女王”号航母，则采用更为低矮的“倒四椎台型”双舰岛，这种独树一帜的前后布局使舰岛的功能分散：前舰岛用来完成海上航行和作战指挥，后舰岛则用于舰载机相关的航空指挥。当然，此举也非常有助于雷达反射截面积的大幅度减小。与此同时，如今各国航母都越来越多地使用隐身涂料和隐身材料，以及一体化的综合桅杆等。据称，最新的“福特”号航母的雷达反射截面积约和大型驱逐舰的雷达反射截面积大小相当。

2. 红外隐身

世界上任何物体的温度均高于绝对零度，从理论上讲都会向外辐射热量，更何况航空母舰这个庞然大物，可以说无时无刻都在散发着大量的热量，是一个巨大的热源。

当今世界上，绝大多数国家的航空母舰都采用常规动力，几乎都通过烟囱向外排烟散热，这是一个无法回避和很难彻底克服的大热源，长期以来各国虽尽了极大的努力，但收效并不明显。核动力航母虽然不存在烟囱对外散热的问题，但是依然存在如何减少驱动蒸汽轮机，使用应急柴油机大量管路发散热量，以及排除废气、冷却降温等散热问题。

不同大致分为濒海型和内河入海口两大类。

濒海型母港通常会选在有半岛和岛链形成天然屏障的海滨，利用这些岛屿构筑防波堤可获得良好的泊稳条件，同时该海域潮流还需强劲，泥沙不易落淤，附近海床基本稳定。

内河入海口型母港通海航道天生就具有动力条件好、含沙量少、河床稳定等优点。

无论择址何处，作为母港能够使用的水域是非常有限的，航母驻泊码头大多采用突堤式，以便停靠更多的船只。

我们仍以“伊丽莎白女王”号航母为例，实际上英国人采用双舰岛的另一个作用就是为了设置两个烟囱，使每个烟囱排出的热量明显减小，红外辐射值大幅降低。

航空母舰不仅自身体积庞大，而且舰上系统极其复杂，且设置的部门多，各类人员多（如美国“尼米兹”级航母共有舰员和飞行人员多达五六千名），如此多元庞杂的热源汇聚，都使全舰综合起来的红外辐射值大量增加，使得红外隐身变得相当的困难。因此，为了大幅降低各种红外辐射值，近年来各航母拥有国几乎采用了所有能想到的红外隐身措施，包括人员的减少。例如，美国“福特”号航母就通过采用减少舰上1000多名舰员等综合手段，使全舰的红外辐射值有了明显的降低。

3. 声隐身

航空母舰上还存在着声隐身。航母上的噪声源主要有机械噪声、螺旋桨噪声和水动力噪声三大类。机械噪声又主要来自柴油机（燃气轮机）、主电动机、减速器等主机，以及发动机、泵等辅机。螺旋桨噪声既有螺旋桨叶片振动，也有螺旋桨空化噪声等。这三类噪声对于航母的声隐身起到巨大的制约作用。近年来，各国在这些方面也下了很大的功夫，包括对动力装置安装浮筏减震基座，注重提高螺旋桨的桨叶数量、加工精度和装配质量，采用多种吸声结构材料，使用屏蔽罩减小螺旋桨噪声，设计良好线型船尾，改变螺旋桨叶片上的速度、压力分布，推迟桨叶空泡的出现等。

4. 磁隐身

航空母舰上还存在着磁隐身问题。地球上，无论是陆地还是海洋，只要是运动的金属平台均会产生磁场。这些都会对航母的航行、抵御对方水雷攻击等产生十分不利的影响，因此如何可靠、快捷、安全地消磁，对于航母来说绝非小事。

在未来的海洋上，经过采用各种综合隐身措施的航母，将成为一个在一定意义上“来去无踪”、超级隐身的海上“巨无霸”！

◎ 察打一体无人机

三、舰载机更加威猛且多元

众所周知，被誉为航空母舰上的“铁拳”——舰载机，是现代海战与未来海战取胜的决定性因素和完成各项任务的主力。如今，各世界强国或大国航母正纷纷加速发展，并继续瞄准发展五代战斗机和六代战斗机（中国称四代机和五代机），新一代电子战飞机、预警机、加油机等固定翼飞机，以及各型直升机。不仅如此，现今和未来航母还将越来越多地搭载和使用各种无人机，包括无人侦察机、无人攻击机、无人加油机，以及察打一体无人机等。

在最新的“福特”号航母上，既保留有“尼米兹”级航母上的主力战斗机——F/A–18E/F，也将陆续配置和使用最新五代战斗机——F–35C。后者不仅是世界上唯一一种已服役的舰载五代战斗机，而且也是世界上最大的单发、单座舰载战斗机（最大起飞质量 31.8 吨），具备极为突出的隐身性能、超音速机动性和超视距打击能力。下面，我们就来具体看看 F–35C 究竟有哪些突出特点，它又是如何进行超级隐身的。

F–35 的隐身设计大量借鉴了 F–22 隐身战斗机的诸多技术与经验，运用了整机计算机模拟技术，飞机表面采用连续曲面设计，并综合考虑了进气道、吸波材料 / 结构等影响。它的头向雷达反射面积约为 0.065 平方米，比俄罗斯现役苏 –27 战斗机、美国空军现役 F–15 战斗机（两者头向雷达反射面积均超过 10 平方米）要低两个数量级；加上 F–35C 机载武器采用内挂方式，不易使雷达反射截面积增大，隐身优势可以进一步增强。F–35C 在推力损失仅有 2% ~ 3% 的情况下，将尾喷管 3 ~ 5 微米中波波段的红外辐射强度减弱了 80% ~ 90%；同时使红外辐射波瓣的宽度变窄，减小了对方红外制导空对空导弹的可攻击区，从而使自身的红外隐身性能也达到世界一流。

如此众多一流的隐身措施，不仅减小了 F–35C 战斗机被对方战机发现的距离，还使全机雷达散射面积及红外辐射中心发生改变，导致对方来袭导弹的命中率也大幅降低。如果 F–35C 再通过使用主动干扰机、光纤拖曳

◎ 美国第五代战斗机——F-35C

雷达诱饵、先进的红外诱饵弹等对抗设备，便能够在与对方的较量中赢得主动、占得先机。

未来航母上配置无人机的数量必将逐步增加。还以美国“福特”号航母为例，由美国诺斯罗普·格鲁曼公司研制的 X–47B 无人机曾在“杜鲁门”号航母上进行了长时间的试飞，很多人都认为 X–47B 将开辟美国海军航母舰载无人战机运用的先河。然而，2017 年美海军却给 X–47B 画上了句号！此后，美国波音公司鬼怪工厂频频亮相的 MQ–25“黄貂鱼”无人机日益被美国海军所看好，而通用原子能公司研制的无人加油机也在跃跃欲试。但不管如何，无人机大批上航母将是一个重要的发展趋势。

当然，航母舰载六代机，近年来也不断地被美国、英国等国提上议事日程。可以预见，用不了多久，六代舰载机必将以其崭新的姿态、更优的性能，成为海空作战的“新宠”！

◎ 美国海军第六代战斗机概念图

NAVY

◎ MQ-25“黄貂鱼”无人机

其实，未来新航母所使用的最新科学技术与武器装备，远不止上述这些，还有诸如新概念武器等的应用，凡此都将使其“如虎添翼”，更加所向披靡！

四、航母将更加智能化

现代的航空母舰与当年的航空母舰最大的不同就是，不再只是传统意义上的机械化作战平台，而是向信息化加速转型的大型海上作战平台。换句话说，航空母舰编队不仅是在海上和空中两维空间活动与作战的海上作战平台，而且已成为一种能在海上、空中、水下、太空、电子、网络等多维空间，集探测搜寻、侦察通信、信息处理、打击对抗、防御干扰及非战争军事行动等多种手段于一身的信息化作战平台。这种作战平台不仅减少了侦测、通信设备的数量，大幅增强了性能，而且将彻底改进通信堵塞和干扰现状，提高了兼容和抗干扰的能力。

例如：“福特”号航母上就把“尼米兹”级航母上的83部雷达、通信等探测传输设备急剧减为21部，只及原先的1/4。尽管如此，航母的信

◎ 通信网络

息探测与传输能力不仅没有减弱，反而有明显的提升和增强，信息探测与传输能力成倍的增大。“福特”号航空母舰还安装有建立在“部队网”和IT–21体系结构基础上的新的综合作战系统，能将探测侦察系统、指挥控制系统、武器作战系统、防御干扰系统等综合成一体化的作战系统。这套系统能够全方位、多渠道、大纵深地感知和掌握航母编队周边及下一步可能涉及相关海域、空域、水下、太空、网络的所有态势和信息，能准确地识别和判定各种已知与可能出现的所有威胁及其可能的影响，并能够选择最佳作战平台与打击武器，及时实施威慑或打击的最佳决策与方案，乃至评估作战毁伤效果和下一步可能采取的步骤。

当然，未来的航母及其编队绝不会仅停留在目前的信息化水平上，而是要向更高端的智能化方向迈进。届时，对方的来袭行动和我方的反击行动，若不牵扯到战略行动范畴，可由智能化的“大脑”机构来决策实施；而反击兵器的选择和打击方式的应用，则完全由智能化的作战平台与武器来自行决定与完成。只有牵涉战略行动或关乎国家利益的行动时，才迅疾转以最高作战指挥机构为主，智能化的“大脑”机构为辅，来共同谋划，实施最终决策与分配打击任务，并评估分析作战结果。未来的智能化航母可以不断地总结经验，纠正错误，以便在下一次的作战与行动中取得更好的战绩。